小田急電鉄
20000形
あさぎり

富士急行
8000系
フジサン特急

東京急行電鉄
1000系

福島交通
1000系

西武鉄道
5000系
レッドアロー

富山地方鉄道
16010形
アルプスエキスプレス

京王電鉄
5000系

一畑電車
2100系

京浜急行電鉄
1000形

高松琴平電気鉄道
1080形

東京地下鉄
01系

撮影：結解　学

熊本電気鉄道
01形

近畿日本鉄道
16000系

大井川鐵道
モハ16000形・クハ16010形

JR東日本
253系
成田エクスプレス

長野電鉄
2100系
スノーモンキー

※Beforeの車両は、Afterの車両の元の形式の車両ですが、同一車両とは限りません。
※高松琴平電気鉄道1080形は５編成10両が在籍していますが、写真の車両は2011年に廃車となっています。また、熊本電気鉄道01形136 - 636の編成は、現在、くまモンのラッピング電車となっています。
※特記以外は交通新聞社所蔵の写真です。

電車たちの「第二の人生」

活躍し続ける車両とその事情

梅原　淳
Umehara Jun

交通新聞社新書 126

はじめに

いまから数十年前まで、時期でいうと1970年代いっぱいまで、今日のＪＲの前身である日本国有鉄道（国鉄）も大手民鉄も車両の使い方は似たようなものであった。完成したばかりの車両をまずは自社の主要な路線に投入し、押し出された車両は支線であるとか、主要な路線の末端区間といった場所へと移動させる。この結果、余剰となった車両は中小民鉄などの地方旅客鉄道と呼ばれる鉄道会社に譲渡へ——という具合だ。

地方旅客鉄道ではいかにも使い古された姿の車両がのんびりと走っていて、それはそれで趣はあった。しかし、毎日利用する人々にとっては憤懣やるかたない。車両が新しいか古いか、そしてその古い車両がほかの鉄道会社からやって来たかといった情報は、別に鉄道に詳しくなくても沿線の人たちであれば皆知っている。国鉄の、大手民鉄の「お下がり」といわれれば気も滅入ってしまう、というのがよく見られる光景であった。

時は流れ、１９９０年代になろうかというころ、譲渡、譲受される車両に変革が起きる。車両の製造技術が進歩し、ＪＲ旅客会社や大手民鉄で30年程度使用されていても、外観上は特に見劣りのしない車両が出現し、こうした車両が続々と譲り渡されるようになったのだ。

その傾向は21世紀に入るとさらに強まり、いまやかつての「中古車両」という否定的なイメージは完全に払拭された。鉄道業界で活躍する著名なデザイナーが車両に意匠を施した後に営業運転を始める例も現れ、地方旅客鉄道のなかには「元〇〇鉄道の電車」と逆に積極的にアピールするケースすら見られる。

本書では21世紀に入り、地方旅客鉄道でいわば「第二の人生」に花を咲かせている電車を取り上げ、譲渡、譲受が行われる理由、そしてその実態に迫るように努めた。執筆にあたり、鉄道会社では一畑電車、東京急行電鉄、長野電鉄、富士急行の各社（五十音順）、鉄道車両の整備などを行う会社では東急テクノシステム、長電テクニカルサービス（同）には多大なご協力をいただいた。改めて御礼申し上げたい。

２０１８年９月　梅原　淳

電車たちの「第二の人生」――――目次

第1章

鉄道車両の「第一の人生」が終わるとき

車両とは、そしてその平均寿命

全国にはJRと民鉄とを合わせて2015（平成27）年度末の2016（平成28）年3月31日現在で6万4212両の鉄道車両（以下車両）が在籍している。同じく2016年3月31日現在で全国の鉄道の営業キロはJRと民鉄とを合わせ、それから旅客と貨物とを合わせて締めて3万6190・9キロメートルであった。したがって、営業キロ0・56キロメートルの本線上につき1両の鉄道車両が存在しているのである。

車両の種類は多い。国土交通省による「鉄道統計年報」上での分類を見ると、機関車、旅客車、貨物車、特殊車の4種類が存在する。

機関車とはモーターや内燃機関といった動力発生装置をもち、運転装置ももっているが、旅客や貨物を載せる設備をもたず、他の車両をけん引して運転する車両を指す。走行するために用いる動力を生み出す動力発生装置として電動機を用いる電気機関車、同じく内燃機関を用いるディーゼル機関車、同じく蒸気機関を用いる蒸気機関車の3つがある。今日の日本では内燃機関車というのはすべて動力発生装置にディーゼル機関を用いているので、ディーゼル機関車と同義語であるといってよい。

「鉄道統計年報［平成27年度］」によると、2016年3月31日現在で機関車は1034

両が在籍している。内訳は電気機関車が５７３両、内燃機関車が４３８両、蒸気機関車が21両、いま挙げたいずれにも該当しない「その他」が2両だ。なお、その他の２両とも黒部峡谷鉄道に在籍しており、実態はというと蓄電池によって電力の供給を受ける蓄電池機関車である。とはいえ、蓄電池機関車に関して国土交通省は電気機関車として分類しているので、法規上は「その他」ではなく、電気機関車だといえる。

旅客車とは旅客を乗せる車両のことで、具体的には車体に客室を備えた車両を指す。動力発生装置に電動機を用いる電車、内燃機関を用いる内燃動車、動力発生装置をもたない客車の３つが存在する。本来ならば、旅客電車だとか旅客内燃動車と呼ぶべきであろう。だが、電車、内燃動車といえば通常は旅客を乗せるものと見なされているので、わざわざ「旅客」と付けない。

両数はというと、２０１６年3月31日現在で旅客車は5万２６９３両が在籍している。内訳は電車が４万９５４８両、内燃動車が２６８８両、客車が４３８両、その他が19両だ。

例によってその他の19両を見ていこう。内訳はＪＲ北海道に2両、ＪＲ東日本に3両、ＪＲ西日本に４両、大井川鐵道に４両、スカイレールサービスに6両だ。ＪＲ北海道の２両、大井川鐵道の４両の計6両は客車、スカイレールサービスの6両は電車にそれぞれ該当するようだが、JR東日本の3両、JR西日本の4両の計7両は両社の旅客車のうちどれが該当するのかわからない。実際のところは電車、内燃動車、客車のいずれかになるのであろう。

貨物車とは貨物を運ぶ車両を指す。貨物電車、貨物内燃動車、貨車、荷物車の4つがある。2016年3月31日現在で貨物車は1万350両が在籍している。貨物電車が71両、貨物内燃動車はゼロ、貨車は1万166両、荷物車は9両、その他は104両という内訳だ。貨車は動力発生装置をもたない車両である。それから荷物車は小荷物や手荷物を運ぶための車両で、動力発生装置の有無や種類は問わない。

なお、荷物車は不思議な存在で、国の分類とは異なり、JRにしろ民鉄にしろ、通常は旅客車と見なされている。それから、動力発生装置の有無や種類は問わないと記したとおり、荷物車は範囲が広いため、どのような車両で構成されているのかの内訳は結局のところはよくわからない。この謎を解き明かすには本書1冊分の文字数が必要となりそうだ。

ともあれ、2015年度にJRと民鉄とを合わせて取り扱われた手荷物または小荷物の荷物の総数は47万8000個であった点は明らかになっている。これらをわずか9両の荷物車で運ばれたと考えると、荷物車それぞれが1日平均146個の荷物を載せて走り回ったといってよい。実際のところ、荷物は荷物車だけでなく、電車や内燃動車、客車、貨物車にも搭載されて輸送されたので、荷物車の稼働率はそうはよくならない。

最後に残った特殊車とは試験や検査、機材の運搬、除雪などに用いる車両で、特殊な構造や設備をもつものを指す。こちらも動力発生装置の有無や種類を問わない。

特殊車には、車両や軌道、架線などの試験に用いる試験車、鉄道沿線の設備のメンテナンスに用いる保守用車、クレーンを設けた操重車《そうじゅうしゃ》、線路上の雪を取り除く除雪車、事故が起きた際に係員や復旧用の機材を載せて現地に移動する救援車、係員の教習に用いる教習車、編成内の他の車両にサービス用の電力を供給する電源車などが該当する。２０１６年３月31日現在、１３５両が在籍していることだけが「鉄道統計年報［平成27年度］」に載っていて、特殊車としても車両としてもどのような内訳となっているのかはわからない。すべて特殊車という一つのカテゴリーだけでまとめられている。

さて、２０１５年度が始まる前日、つまり２０１４年度末の２０１５年３月31日現在で国内に６万４７９０両の車両が在籍していた。いっぽうで２０１５年度に新たに製造された車両の数は１５５５両だ。したがって、差し引き２１３３両の車両が役割を終えて去っていったと考えられる。極めて大ざっぱな意見ながら、仮に毎年２０１５年度と同様のペースで車両が入れ替わるとすると6万4790両を2133両で割って30・4年、つまり30年5カ月というのが車両全体の平均寿命といえるであろう。

国土交通省が車両の製造に関して取りまとめた「鉄道車両等生産動態統計調査」の2015年度の年報を見ると、車種別に製造両数の内訳が記載されている。という次第で車種別の平均寿命を**表1**にまとめてみた。

なお、「鉄道統計年報［平成27年度］」と「鉄道車両等生産動態統計調査」の2015年度版の年報とを比較すると、統計の不備により、たとえば内燃機関車のように2014年度末に384両在籍していたところ、10両が製造されただけであったのに2015年度末には438両へと増えているといった謎の現象が記録されている。また、蒸気機関車のように年度を通じて1両も製造されず、両数に変化が生じていないものもあって、こうした車種では平均寿命を算定することは難しい。したがって、あくまでも参考値であるという点をご了承いただきたい。

以上をもとに、2015年度の製造両数、それから2015年度末の両数が比較的多く、統計として妥当性のある車種別に平均寿命を見てみよう。電気機関車は12・0年、電車は39・2年でつまり39年2カ月、内燃動車は34・1年でつまり34年1カ月だ。旅客車は

表1　車両の種類別の平均寿命

	機関車					旅客車				
	電気	内燃	蒸機	その他	計	電車	内燃動車	客車	その他	計
2014年度末の在籍両数（A）	610	384	21	2	1,017	49,558	2,726	525	241	53,050
2015年度の製造両数	14	10	0	0	24	1,254	42	4	0	1,300
2015年度末の在籍両数	573	438	21	2	1,034	49,548	2,688	438	19	52,693
差引除籍両数（B）	51	(44)	0	0	7	1,264	80	91	222	1,657
推測される平均寿命（A/B）	12.0	(8.7)			145.3	39.2	34.1	5.8	1.1	32.0

	貨物車						特殊車	合計
	貨物電車	貨物内燃動車	貨車	荷物車	その他	計		
2014年度末の在籍両数（A）	73	0	10,411	9	94	10,587	136	64,790
2015年度の製造両数	0	0	219	0	4	223	8	1,555
2015年度末の在籍両数	71	0	10,166	9	104	10,350	135	64,212
差引除籍両数（B）	2	0	464	0	(6)	460	9	2,133
推測される平均寿命（A/B）	36.5		22.4			23.0	15.1	30.4

出典：「鉄道統計年報」、「鉄道車両等生産動態統計調査」。ともに国土交通省

全体で32・0年。貨車は22・4年でつまり22年5カ月、貨物車は全体で23・0年、特殊車は15・1年でつまり15年1カ月という平均寿命が得られた。車両合計では先述のとおり30・4年で30年5カ月である。

車両は何年使えば元を取れるのか

繰り返しとなるが、２０１５年度の動向から、大まかな計算によって車両というものは平均して30年５カ月で寿命、つまりお役御免となって廃車となるという推測値が求められた。本書を執筆している２０１８年から30年前とは１９８８（昭和63）年だ。この年の３月13日には青函トンネルが、４月10日には本州四国連絡橋の児島・坂出ルート瀬戸大橋がそれぞれ開通したことを覚えている方も多いであろう。実質的に昭和最後の年であり、ＪＲは発足して２年目であった。世の中はバブル景気に浮かれていたことが思い起こされる。ずいぶんと昔だ。

製造から30年間働き続けた車両が寿命となるまでの間、いったいどのくらいの収入や利益を鉄道事業者、軌道経営者にもたらすのであろうか。さらには、その間に車両に要した費用がいかほどであるかがわかれば、車両を何年使えば元を取れるのかも求められる。２０１５年度の統計をもとに推計してみよう。

まずは収入からだ。２０１５年度に全国の鉄道事業者、軌道経営者が旅客と貨物との運送事業で挙げた収入は６兆７２１６億７３５４万円であった。運送事業での収入とは車両なくして成り立たない。したがって、全額を車両によって挙げた収入としてよいのだが、腑に落ちない点が生じる。やはり鉄道というものは線路や施設によっても、そして何よりも人によって成り立っているものであるから、収入において車両の比率を高くするのは構わないとしても、すべてとしてしまうのは無理があると考えられるからだ。とはいえ、鉄道事業者、軌道経営者の側で運送事業での収入のうち何パーセントが車両によるものと算出しているところなどどこにもないであろう。ここはおおまかな考え方として収入の50パーセントを車両分として計上することとした。したがって、３兆３６０８億３６７７万円が、車両が挙げた収入となる。

さて、２０１５年度に何両の車両が営業に用いられていたのかを特定することは難しい。特殊車のように収入に寄与しない車両も存在するし、突き詰めて考えれば機関車も客車や貨車を通じて収入を間接的に得ているので、何も稼いでいないという考え方も成り立つ。旅客車や貨物車にしても、２０１５年度の３６５日に一日も休まずに営業を行っていた車両はほとんど存在しないであろうから、１両１両の営業日数を求めることは不可能だ。したがって、ここは簡略化してすべての車両を対象とすることとし、両数については２０１５年３月31日現在の６万４７９０両と２０１６年３月31日現在の６万４２１２両との平均値である６万４５０１両を用いることとしたい。以上から、３兆３６０８億３６７７

万円を6万4501両で割って車両1両当たりの収入は5211万円と算出された。

鉄道事業者、軌道経営者が2015年度に車両に関して支払った費用はいくらであろうか。法規では鉄道事業者や軌道経営者は事業に関して項目別に費用を集計して損益計算書を取りまとめなくてはならないと定められている。こうした項目のなかで車両に関するものというと、車両の維持や補修に要する作業費を意味する車両保存費、それから列車の運転に要する作業費を意味する運転費、さらには旅客や貨物の取り扱いに要する作業費であるとか、列車を連結したり切り離したりする作業費、車両の入換に要する作業費などを意味する運輸費、線路や車両などの保守の作業管理に要する費用を意味する保守管理費、運転や運輸の作業管理に要する費用を意味する輸送管理費だ。いま挙げたなかで車両保存費と運転費とは全額が車両に要する費用とわかるけれども、運輸費や保守管理費、輸送管理費となると車両以外の線路や施設も含まれているために車両に関する部分がいくらであるのかはわからない。とても大まかな考え方で恐縮ながら、運輸費、保守管理費、輸送管理費は一律半額を車両に関する費用として計上することとした。

それでは具体的な金額を示そう。2015年度の車両保存費は4681億3777万円、運転費は8413億6025万円、運輸費は1兆4866億5973万円、保守管理費は１６２４億１６９０万円、輸送管理費は３１１８億２５０７万円であった。運輸費、保守管理費、輸送管理費のそれぞれ半額は５２４３億２９８７万円、８１２億８４５万円、１５５９億１２５４万円となり、これらに車両保存費と運転費とを合わせると２兆７０９億４８８８万円となる。よって、２兆７０９億４８８７万円を６万４５０１両で割ると車両１両当たりの費用は３２１１万円だ。収入から費用を差し引いた利益は２０００万円と求められる。

先ほど車両の平均寿命は30・４年と記した。この間に１両の車両から得られる収入は15億８４１４万円、費用は９億７６１４万円で、利益は６億８００万円となる。いま挙げた数値を多いと感じるか少ないと感じるかは人それぞれかもしれない。

今度は車両を何年使えば元を取れるのかを考えてみよう。２０１５年度に製造された車両の両数は１５５５両で、製造費は１４６２億５０５３万円であった。したがって車両１両当たりの製造費は９４０５万円だ。

車両は年間に２０００万円の利益を生み出してくれるから、９４０５万円の製造費を回収するまでに要する期間は４・７年、４年８カ月ほどとなる。つまり、車両というものは５年も使えばあとは利益が出るいっぽうの存在へと変わっていく。現実には製造から時間が経過するに伴って維持や補修に要する費用は増すと考えられる。それでも車両を長く使えば使うほど鉄道事業者や軌道経営者にもたらす利益は大きくなるのだ。

車両の効率をつぶさに見ていこう

いままで車両の収支や利益、製造費をどのくらいの期間で回収できるかを求めてきた。しかし、これだけでは車両の効率は語れない。車両の種類ごとにどのくらいの距離を走っているかが定かでないし、それに車両の稼働率をあてはめて検証しなければならないからだ。

年間に車両がどのくらい走行するのか、そして車両の種類別ではとの疑問に対し、「鉄道統計年報」では「自己車両自線走行キロ」と「自己車両他線走行キロ」として取りまとめられている。要するに鉄道事業者、軌道経営者が自ら保有する車両が自ら保有する線路をどのくらいの距離を走っているか、または他の鉄道事業者、軌道経営者の線路に乗り入れてどのくらいの距離を走っているかの統計を見ようというものだ。

なお、「鉄道統計年報」では車両キロは以上の項目のほか、「他鉄道車両自線走行キロ」という項目が設けられており、「自己車両他線走行キロ」と表裏一体の数値となるはずであるが、なぜか合わない。そこには国土交通省による定義があるからと考える。しかし、車両の効率を求めるにあたってここまで気にしても仕方がないので、先に進むことにしよう。

表2　車両1両当たりの走行キロ

	機関車				
	電気	内燃	蒸機	その他	計
2015年度の平均在籍両数（両）	592	411	21	2	1,026
走行キロ計（千km）	62,173	7,921	127	9	70,230
車両1両当たりの走行キロ（km）	105,111	19,273	6,048	4,500	68,484

	旅客車				
	電車	内燃動車	客車	その他	計
2015年度の平均在籍両数（両）	49,553	2,707	482	130	52,872
走行キロ計（千km）	8,288,097	258,623	15,248	639	8,562,607
車両1両当たりの走行キロ（km）	167,257	95,539	31,668	4,915	161,951

	貨物車	特殊車	合計
2015年度の平均在籍両数（両）	10,469	136	64,501
走行キロ計（千km）	1,226,460	3	9,859,300
車両1両当たりの走行キロ（km）	117,157	22	152,855

出典：「鉄道統計年報［平成27年度］」、国土交通省

表2は車両の種類別の走行キロと銘打ち、２０１５年度に車両１両当たり何キロ走行したかを集計したものだ。車両１両当たり全体では15万２８５５キロメートル走っており、この平均値を上回っている車両の種類は電車の16万７２５７キロメートルだけという極端な結果が得られた。何といっても電車の平均在籍両数は４万９５５３両と、車

両全体の77パーセントを占める存在であるからだ。

ここからが本題で、車両の効率を考えてみたい。何をもって効率というかについてはさまざまな意見がある。「鉄道統計年報」には特に車両の効率に関する項目は見られない。

いっぽうで国鉄の残した統計には車両使用実績として使用効率なるものがあった。運輸政策研究機構編、『日本国有鉄道民営化に至る15年』、成山堂書店、２０００年７月の３９３ページに掲載されているので引用させていただこう。

使用効率とは、運用に就いている車両数を意味する使用車数を、配置両数を意味する現在車数で割って求められる。使用車数の定義がややこしいので引用すると、「使用車数とは、機関車、電車、気動車、客車については当日使用中の車両の総数をいい、貨車については、当月積込を完了した車両をいう。したがって、使用効率は、現在車に対する使用中の車両の割合を示し、運用効率は貨車回転率を意味するものであるから、１／運用効率は、１車１回平均使用日数を示すことになる。算式　使用（運用）効率＝使用車数／現在車数」だそうだ。

気になる結果はというと、国鉄最後の年度の１９８６（昭和61）年度では、電気機関車が87・５パーセント、ディーゼル機関車が74・６パーセント、蒸気機関車が14・７パーセント、電車が91・5パーセント、気動車つまり内燃動車が83・7パーセント、客車が76・8パーセントで以上が使用効率、貨車は運用効率として掲載されていて17・5パーセントであった。イベント運転が主体の蒸気機関車の数値が低いのはよいとして、貨車が低いのは先ほど引用した定義によるものであろう。というのも、鉄道による貨物運送事業が盛んであった1960（昭和35）年度でさえ運用効率は27・6パーセントであったからだ。

残念ながら、国鉄の統計には存在した使用効率、運用効率を今日の「鉄道統計年報」から求めることはできない。使用車数が公表されていないからだ。存在しないものを深追いしても意味はない。現代の車両の効率は別の考え方で求めるほうが賢明だ。

という次第で筆者が考案したのは車両1両走行1キロメートル当たりの収入である。効率ではなく指標となるが、車両の種類ごとにまちまちな在籍両数や車両1両当たりの走行キロがそろえられるので比較しやすくなるであろう。

問題は車両の種類ごとの収入だ。いうまでもなくこの数値は公表されていない。そこで、推測値として在籍両数の比で分配することが考えられる。結果は**表3**のとおりだ。

車両1両走行キロ1キロメートル当たりの収入は341円であり、車両の種類別に見ると最も高い数値を記録したのは特殊車の235万3418円であった。走行キロが少ない

表3　車両1両走行キロ1キロメートル当たりの収入

	機関車				
	電気	内燃	蒸機	その他	計
2015年度の平均在籍両数（両）	592	411	21	2	1,026
平均在籍両数の比	0.92%	0.64%	0.03%	0.00%	1.59%
走行キロ計（千km）	62,173	7,921	127	9	70,230
平均在籍両数の比に基づく収入（万円）	3,082,022	2,141,523	109,421	10,421	5,343,387
車両1両走行キロ1キロメートル当たりの収入（円）	496	2,704	8,616	11,579	761

	旅客車				
	電車	内燃動車	客車	その他	計
2015年度の平均在籍両数（両）	49,553	2,707	482	130	52,872
平均在籍両数の比	76.83%	4.20%	0.75%	0.20%	81.97%
走行キロ計（千km）	8,288,097	258,623	15,248	639	8,562,607
平均在籍両数の比に基づく収入（万円）	258,196,841	14,104,875	2,508,865	677,367	275,487,948
車両1両走行キロ1キロメートル当たりの収入（円）	312	545	1,645	10,600	322

	貨物車	特殊車	合計
2015年度の平均在籍両数（両）	10,469	136	64,501
平均在籍両数の比	16.23%	0.21%	100.00%
走行キロ計（千km）	1,226,460	3	9,859,300
平均在籍両数の比に基づく収入（万円）	54,546,317	706,025	336,083,677
車両1両走行キロ1キロメートル当たりの収入（円）	445	2,353,418	341

出典：「鉄道統計年報［平成27年度］」、国土交通省

車両は高い数値が出る傾向にあり、蒸気機関車やその他の機関車、その他の旅客車も似た動向が見られる。これらを省いてもう少し巨視的に眺めると、機関車が７６１円、旅客車が３２２円、貨物車が４４５円という数値が得られた。

機関車が一番優れ、旅客車と貨物車とを比べると貨物車が勝っているといいたくなるが一概にはいえない。多数の客車や貨車を機関車は牽引しているし、貨物車は旅客車に比べると長距離の列車に充当される機会が多いと考えられるからだ。指標と銘打った手前、矛盾しているようで恐縮ながら、あくまでも参考値として考慮していただきたい。

車両の寿命はいつどうやって判断されるのか

「車両は何年使えば元を取れるのか」で、車両は4年8カ月も使用すれば製造費を回収できると記した。とはいっても、現実にわずかこれだけの年数で車両を廃車にしてしまう鉄道事業者や軌道経営者はまず存在しない。いうまでもなく利益を挙げてもらわなければならないからであり、現実に車両というものはさらに長く用いることができるからだ。

国内の鉄道、軌道で日常的な営業運転に用いられている車両のうち、最も古い車両は箱根登山鉄道のモハ１形電車１０３、１０４、１０６、１０７の４両だ。１９１９（大正８）

年製というので登場から1世紀が過ぎようとしている。ただし、車体や走行装置である台車、それから機器類に至るまでほぼすべてが交換されているので、「1世紀ものの電車」というほど古くは見えない。

車体の載せ替えを行っていないといった登場当時の状態に近い車両で最も古いものは、阪堺《はんかい》電気軌道のモ161形電車161、162、164、166の4両である。1928（昭和3）年の製造とのことで、登場から90年が経過した。こちらは大変レトロな風合いをもつ車両である。

モハ1形電車やモ161形電車まではいかなくても、40年から半世紀程度使用されている車両は多い。しかも、車体の載せ替えといった大規模な更新を行っていない車両が目立つ。1960年代から1980年代のはじめにかけて車両の寿命を延ばす方策が実現したからだ。

具体的にはそれまでに製造された車両と比べて腐食対策が強化されている。車体を腐食しないか腐食に強固なステンレス鋼製やアルミニウム合金製とした車両が本格的に登場したのは1960年以降だ。

従来の普通鋼製の車体であっても工夫が施されている。1982（昭和57）年に登場し

JR西日本115系3000番台

た国鉄の１１５系３０００番台近郊形直流電車の例を挙げると、外板のうち腐食しやすい下部はステンレス鋼製とされ、側面の外板のなかでやはり腐食しやすい戸の周辺は溶接を点ではなく連続的に行って防水効果を高めている。屋根を見ると屋根材の外板に屋根布《やねふ》と呼ばれる覆いをやめてポリウレタン樹脂製の屋根材を塗るようにし、雨どいであるとか屋根上の通風器を強化プラスチックに変えたりといった対策だ。いま挙げた対策により、１１５系３０００番台は新製から35年以上が経過したいまも大多数がＪＲ西日本下関総合車両所運用研修センターに健在で、山陽線の普通列車用として活躍を続けている。

とはいうものの、物理的に使用できるから

といって、それだけで車両をいつまでも営業に用いられるということには結び付かない。走行には支障のない車両も次に挙げる理由で廃車を余儀なくされる。

理由1　求められる性能を満たせない

スピードアップのために車両の高速性能や加減速性能を向上させる必要があるとか、地下鉄との相互直通運転を実施するために車両の防火対策を強化しなければならないなど、利用者にとって便利な鉄道であり続けるためには車両も定期的に進化しなくてはならない。ＪＲ旅客会社であるとか大手民鉄では特にこうした動きは目覚ましく、たいていは四半世紀ほどで車両が入れ替えられていく。

近年はホームドアを導入するためという理由も多い。今日では乗降者数と乗換者数とを合わせて１日10万人以上の駅では原則としてホームドアを設置することが鉄道事業、軌道業を監督する国土交通省から求められている。

ホームドアの設置にあたり、車両側面の客用扉の位置に合わせてホームドアを設置できればよい。その反面でホームドアの位置に車両側面の客用扉が合わないとなると置き換えの対象となってしまう。

東京地下鉄03系

一例を挙げると、ホームドアの導入によって大幅な移動が生じた車両として知られるのは、東京地下鉄2号線日比谷線と東武鉄道伊《い》勢崎《せさき》線・日光線の北千住〜南栗橋間とを直通して用いられてきた東京地下鉄の０３系、そして東武鉄道の２００００系（２００５０系・２００７０系を含む）だ。これらの車両は伊勢崎線北千住〜北越谷間にホームドアが導入されるに伴い、車両側面の両引戸とホームドアとの位置とが合わなくなってしまった。伊勢崎線を走る他の車両は1両の長さが20メートルで車両側面の両引戸の数は片側に4カ所。対してこれらの車両は1両の長さが18メートルで車両側面の両引戸の数は片側に3カ所で、残念ながらこのままではホームドアを導入できない。18メートルで片側に3カ所の両引戸という車両は少数派であったため、2号線日比谷線と伊勢崎線・日光線とを直通する車両も長さ20メートルで片側に4カ所の両引戸の車両となることとなった。現在、東京地下鉄は13000系、東武鉄道は70000系をそれぞれ製造して置き換えを進めているところだ。

理由2　車内の設備の陳腐化

座席が窮屈、冷房装置がない、車内が暗い――など、車両に対する利用者の要求は大変厳しい。しかし、車両は一度つくってしまうと大規模な改良は困難となる。ゆったりとした寸法の腰掛に替えようとしても、車体の骨組みである柱であるとか幕板の位置に左右されて元の設計とは異なる寸法のものは取り付けられない、通常は屋根上に設置する冷房装置も屋根の強度が足りなくて載せられない、明るい車内を提供しようにも窓が小さくてこれ以上は無理などという理由があるからだ。

客室の改装が難しければ、いっそのこと車体の載せ替えをという方法は1980年代まではよく見られた。ところが、1980年代以降、特に電気機器の進歩が著しく、車体の載せ替えは珍しくなってしまう。それもそのはずで、車両の性能は旧態依然では省エネルギー性に劣り、新たな車体をつくる費用に見合った効果が得られづらくなったからだ。

とはいえ、近年の車両は長年用いられてきても冒頭に挙げた車内の設備の陳腐化は目立たなくなってきた。車内の設備の進化は１９８０年代後半から１９９０年代にかけてピークを迎え、21世紀の今日使用されている車両とあまり変わらなくなったからだ。車内に塗装された部分はほとんど見られなくなり、化粧材で美しく仕上げられていれば、結構な年月を経てもそうひどくはみすぼらしく感じられなくなる。

座席が窮屈という利用者の要求も実は１９６０年代から１９８０年代にかけて人々の体格の向上が著しかったという点も挙げておかなくてはならない。こちらもいつしか頭打ちとなり、１９８０年代に設計された車両に乗ってもそう窮屈には感じられないという例が増えてきた。

しかしながら、近年は別の要求が生じている。社会のバリアフリー化を進めていくなかで車両も例外とされなくなってきたからだ。それでも、１９８０年代に製造された通勤用の車両であれば改造で対処できることのほうが多い。だが、たとえば特急用の車両のなかには車内に段差が設けられている例もあったり、車いすスペースを設ける場所がどこにもないなど、高齢者、障害者等の移動等の円滑化の促進に関する法律、通称バリアフリー新法に伴って定められた移動等円滑化のために必要な旅客施設または車両等の構造及び設備に関する基準を定める省令ではできる限り避けたほうがよい構造の車両もある。こうなると、他の部分のどこにも置き換える要素がなかったとしても鉄道事業者、軌道経営者としては車両を廃車とせざるを得ない。

2015年度に廃車となった2133両の車両は、車両自体が寿命を迎えたか、あるいはいま挙げた2つの理由のどちらかに該当しておおむね廃車となったと考えられる。ほかに理由があるとすれば、残念な事態ではあるが事故によって修繕不可能と見なされたかだ。

廃車となった車両はどうなるのであろうか。まず思い浮かぶのは解体、要はスクラップだ。ところが、いったん廃車となっても再度車両として新たな籍がつくられて活躍を始める幸運なものも見られる。そう、車両たちは「第二の人生」をスタートさせるのだ。一体どのようにして始めるのか。次章以降で詳細を取り上げることとしよう。

第2章

「第二の人生」への旅立ち

鉄道会社にはどのような種類があるのか

ひと口に鉄道会社といってもさまざまな方法で分類される。まずは前章でも用いた鉄道事業者、軌道経営者だ。前者は鉄道事業法に基づいて、後者は軌道法に基づいてそれぞれ旅客運送事業や貨物運送事業を営む。簡単にいえば鉄道事業者は一般的な鉄道を指す普通鉄道やケーブルカーを指す鋼索鉄道に関しての、軌道経営者は路面電車に関しての事業をそれぞれ執り行っていると考えればよい。

ただし、地下鉄については、大多数は鉄道事業者が事業を実施しているなか、大阪市交通局改め大阪市高速電気軌道は軌道経営者であるし、モノレール、新交通システムについては鉄道事業者、軌道経営者の双方が事業をそれぞれ実施している。大阪市高速電気軌道の場合、地下鉄の敷設を道路の整備と一体となって進めるとの方針によって自主的に軌道経営者となった。

いっぽう、軌道経営者が事業を営むモノレール、新交通システムはいずれも道路上に敷設されている点が特徴であり、大阪市高速電気軌道と似た事情をもつ。ただし、こちらは都市モノレールの整備の促進に関する法律の適用を受けるために必要であり、鉄道事業者では国から補助金を得られないという事情から軌道経営者となった。

　さて、２０１７（平成29）年３月31日現在で全国には延べ１９９の鉄道事業者が存在し、営業を実施している距離の延長を示すキロ程は２万７５５１・８キロメートルに達する。いっぽう、全国には35の軌道経営者が存在し、キロ程は５０５・２キロメートルだ。したがって、全国の鉄道と軌道の総数はというと２３４の鉄道事業者または軌道経営者によってキロ程２万８０５７・０キロメートルで営業が実施されていると考えてよい――。といいたいところだが、実はいくつかの点でただし書きがつく。

　まずは鉄道事業者、軌道経営者のそれぞれの数値で、どちらも重複があっても一つとして数えているので正味の鉄道会社数となるともう少し減ってしまうという点だ。たとえば、大手民鉄を見ても東京急行電鉄、名古屋鉄道、近畿日本鉄道、京阪電気鉄道の４社は鉄道事業者、軌道経営者のどちらでもある。軌道経営者ながら地下鉄事業を展開している大阪市高速電気軌道も地下鉄の４号線（中央線）の大阪港～コスモスクエア間２・４キロメートル、新交通システムの南港ポートタウン線コスモスクエア～トレードセンター前間０・６キロメートルと中ふ頭～フェリーターミナル間２・７キロメートルでは鉄道事業者だ。国土交通省によれば、鉄道事業者と軌道経営者双方である鉄道会社は18社存在するので、２３４社から18社を差し引いて２１６社となる。

国土交通省は地域ごとに運輸局を置き、これら各局が鉄道会社を管轄しているため、異なる運輸局にまたがる鉄道会社の数はＪＲを除いて重複されて計上されてしまう。２０１８年３月31日現在、関東運輸局と中部運輸局とにまたがる伊豆箱根鉄道、中部運輸局と近畿運輸局とにまたがる近畿日本鉄道、近畿運輸局と中国運輸局とにまたがる智頭急行の３社が該当する。２１６社から３社を差し引いて２１３社が正味の鉄道会社数だ。

さらに、鉄道事業には、自社で線路を所有して自社で事業を行うか、または第二種の他社に事業を行わせる第一種、第一種または第三種の他社が所有する線路で事業を行う第二種、自社で線路を所有するものの、第二種の他社に事業を行わせる第三種と３種類がある。いま挙げた鉄道会社数のうち、第一種と第二種との重複は計上されていないが、第一種または第二種と第三種との重複はあり、近畿日本鉄道の１社が該当するので、２１３社からさらに１社差し引いて２１２社が今度こそ本当の正味の鉄道会社数だ。ちなみに、横浜高速鉄道も第一種と第三種との重複があるはずだが、なぜか国の統計では第三種の分が計上されていないので、重複はないと考えた。

鉄道会社を形態や規模で分類する方法もよく知られている。まずはＪＲと民鉄とという分け方は一般的であろう。ＪＲとはいうまでもなく、北海道、東日本、東海、西日本、四国、九州の6旅客鉄道と日本貨物鉄道とから成る7社を指す。

民鉄とはJR以外のすべての鉄道会社が該当し、205社が存在する。いままでとは異なり、2016(平成28)年3月31日現在でいうと、民鉄として分類されているもののうち、大手と呼ばれるものが東武鉄道、西武鉄道、京成電鉄、京王電鉄、小田急電鉄、東京急行電鉄、京浜急行電鉄、相模鉄道、東京地下鉄、名古屋鉄道、近畿日本鉄道、南海電気鉄道、京阪電気鉄道、阪急電鉄、阪神電気鉄道、西日本鉄道の16社あり、公営と呼ばれるものが札幌市交通局、函館市企業局、仙台市交通局、東京都交通局、横浜市交通局、名古屋市交通局、京都市交通局、大阪市交通局、神戸市交通局、甲賀市、福岡市交通局、熊本市交通局、鹿児島市交通局の13社ある。残った176社は何かというと中小だ。なお、中小には青森県、富山市、四日市市、和歌山県、若桜《わかさ》町、八頭《やず》町、北九州市と、公営と見なすべき鉄道会社が7社混じっている。これらは第三種の鉄道事業者または軌道整備事業者だから、地方公共団体が鉄道事業または軌道を直接営んでいないと見なされているのであろう。その割には同様に第三種の鉄道事業者である甲賀市が公営として分類されているのが気になるが、本題から離れてしまうのでこれ以上は追及しない。

地方旅客鉄道の現状

本章で取り上げたい鉄道会社とは、全国に１７６社ある中小民鉄のうち、１０５社が存在する地方旅客鉄道だ。地方旅客鉄道というのは何かというと、中小の民鉄のなかで大都市高速鉄道、路面電車、観光鉄道、貨物鉄道を除いた鉄道、軌道を指す。地方旅客鉄道は１０５社であるが、地方旅客鉄道以外の鉄道会社の数は１７６社から１０５社を差し引いた71社ではない。富山地方鉄道、箱根登山鉄道、伊豆箱根鉄道、豊橋鉄道、広島電鉄、水島臨海鉄道、伊予鉄道、平成筑豊鉄道の8社は地方旅客鉄道とそれ以外の鉄道、軌道を兼ねて営業を実施しているので、これらを重複分として計上して79社となる。

地方旅客鉄道の現状とはどのようなものであろうか。２０１６年3月31日現在での営業キロ、輸送人員、運輸収入、旅客人キロ、車両キロ、列車キロ、車両数、職員数、利益剰余金、それから２０１５年度の営業収支を挙げ、合わせて民鉄のうち大手16社、公営13社、ＪＲ7社、鉄道、軌道全体と比較するとどうなるのかを**表4**にまとめておいた。

それでは表4の見どころを説明しよう。営業収支と利益剰余金とを除く各項目では数値のほか、鉄道、軌道全体に対する割合にも注目して見ると地方旅客鉄道の置かれた立場がよくわかるはずだ。

地方旅客鉄道の営業キロは３５６７・６キロメートルと鉄道、軌道全体の12・８パーセントを占めているにもかかわらず、他の項目での鉄道、軌道全体に占める割合が著しく低い。なかでも輸送人員の１・６パーセント、運輸収入の１・４パーセント、旅客人キロの０・９パーセント、車両キロの１・９パーセントは統計が間違っているのではないかと疑ってしまうほどである。

いま挙げた特徴からうかがえる点は次のとおりだ。路線は長いものの、旅客はあまり乗っていないうえ、乗車距離も短く、列車の本数は少なく、しかも１本当たりの列車に連結される車両の両数も多くはないという状況である。

営業収支に目を移すと、何といっても約75億円の損失を計上している点に注目しなければならない。利益剰余金とは利益の累積を意味し、２０１６年３月31日現在で地方旅客鉄道も約５６４億円を確保している。しかし、今後も損失を出し続けるとなると、いずれ利益剰余金を使い切り、マイナスの数値となってしまうかもしれない。

ちなみに、公営の鉄道の利益剰余金がマイナスであるのは、莫大な建設費を要した地下鉄に関する負債をいまだ償還しきっていないからだ。利益剰余金のマイナス額は２０１６年３月31日現在でおよそ１兆５２１２億円にも達する。しかし、２０１５年度の営業利益

表4　中小民鉄の姿（2016年3月31日現在、2015年度）

	営業キロ（km）		輸送人員（千人）		運輸収入（千円）	
	旅客					
		割合		割合		割合
中小民鉄	4,241.7	15.2%	1,599,996	6.6%	409,468,898	5.6%
うち地方旅客鉄道	3,567.6	12.8%	393,711	1.6%	104,566,035	1.4%
大手16社	2,910.1	10.4%	10,090,935	41.4%	1,673,800,170	22.9%
公営13社	629.0	2.3%	3,368,228	13.8%	566,998,450	7.8%
民鉄全体	7,780.8	27.9%	15,059,158	61.8%	2,650,267,517	36.3%
JR7社	20,132.1	72.1%	9,307,791	38.2%	4,647,922,487	63.7%
鉄道、軌道全体	27,912.9	100.0%	24,366,949	100.0%	7,298,190,004	100.0%

	旅客人キロ（千人キロ）		車両数（両）	
		割合		割合
中小民鉄	13,345,273	3.1%	5,805	9.0%
うち地方旅客鉄道	3,676,008	0.9%	2,416	3.8%
大手16社	123,757,289	29.0%	17,242	26.9%
公営13社	20,976,204	4.9%	5,057	7.9%
民鉄全体	158,078,768	37.0%	28,228	44.0%
JR7社	269,385,083	63.0%	35,984	56.0%
鉄道、軌道全体	427,463,851	100.0%	64,212	100.0%

	車両キロ（千km）		列車キロ（千km）		職員数（人）	
		割合		割合		割合
中小民鉄	471,685	4.7%	139,009	10.1%	17,679	8.4%
うち地方旅客鉄道	188,316	1.9%	81,814	5.9%	9,612	4.6%
大手16社	2,330,191	23.1%	346,906	25.1%	49,922	23.8%
公営13社	443,763	4.4%	73,436	5.3%	15,860	7.6%
民鉄全体	3,433,955	34.1%	641,165	46.4%	93,073	44.3%
JR7社	6,649,537	65.9%	739,313	53.6%	116,924	55.7%
鉄道、軌道全体	10,083,492	100.0%	1,380,478	100.0%	209,997	100.0%

	営業収支（千円）			利益剰余金（千円）
	営業収益	営業費用	営業損益	
中小民鉄	414,730,661	365,984,725	48,745,936	235,048,915
うち地方旅客鉄道	83,984,512	122,369,535	(7,494,609)	56,373,345
大手16社	1,672,826,202	1,332,609,463	340,216,739	1,481,729,448
公営13社	563,087,352	472,955,620	90,131,732	-1,521,273,953
民鉄全体	2,734,628,727	2,293,919,343	471,599,798	251,877,755
JR7社	4,650,399,286	3,672,482,496	977,916,790	4,051,016,556
鉄道、軌道全体	7,385,028,013	5,966,401,839	1,449,516,588	4,302,894,311

出典：国土交通省鉄道局、「平成27年度　鉄道統計年報」
地方旅客鉄道とは中小のうち、大都市交通鉄道、路面電車、観光鉄道、貨物鉄道以外の鉄道、軌道を指す
職員数、利益剰余金には、中小のうち、地方旅客鉄道とその他の形態の鉄道、軌道の数値との合計値だけを計上した鉄道事業者、軌道経営者分を除く

は９０１億円余りを計上しているので、このペースで推移すれば17年後には利益剰余金のマイナスは解消されるであろう。

ここまで長々と地方旅客鉄道の現況について記してきたのは、鉄道、軌道全体のなかでも特に地方旅客鉄道の置かれた状況が厳しいことを理解してほしいからだ。本書がテーマとしているのは鉄道会社間での鉄道車両の譲渡、譲受である。なぜ、地方旅客鉄道が自社で車両を新製せずに他の鉄道会社、主にＪＲ旅客会社、大手民鉄、公営鉄道から譲り受けているのかは改めて説明するまでもなく、表４のデータからも明らかであろう。

鉄道にとって路線が長いということは結構な額の固定費を覚悟しなければならない。その反面、輸送規模が小さいと営業収支は途端に悪化してしまう。

営業収支を左右するうえであまり芳しくない状況に立たされているのが地方旅客鉄道であり、それゆえ、多くの地方旅客鉄道にとって車両を新製する余裕はないのだ。

電車の譲渡、譲受はどのようにして決まる

ＪＲ旅客会社、大手民鉄、公営鉄道から地方旅客鉄道への鉄道車両それも電車の譲渡、譲受はどのようにして決まるのかは、多くの皆さんにとっての関心事に違いない。かくなる筆者も興味を抱いており、いわゆる「中古電車市場」というものが人知れず開催され、活発なオークションが展開されているのかと考えていた。しかし、関係者へ取材、調査したところでは、鉄道会社間で譲渡、譲受される鉄道車両を専門に扱う場は存在しない。実際の譲渡、譲受のあらましは第３章で詳しく説明するとして、大まかな方法は次のとおりだ。

まずは車両が必要になった地方旅客鉄道各社がＪＲ旅客会社、大手民鉄、公営鉄道に対して個々に連絡し、譲ってもらえるかどうかを問い合わせる。打診を受けた側は、近々廃車になる車両があれば譲渡に関する交渉を行い、お互いに条件が折り合えば、地方旅客鉄道の仕様に合わせて改造工事を施す。その際、改造工事は設備の関係でたいていは譲り渡

す側またはこうした鉄道会社の関係会社が所有する車両検査修繕施設で実施される。

以上は国内の鉄道会社どうしでの車両の譲渡、譲受に関するもの。近年は国内の鉄道会社で使用された車両が多数、海外の鉄道会社に譲渡されている。こちらはどのようにして行われているのであろうか。

こちらも第3章で実例を紹介するとおり、やはり当事者どうしで実施されているらしい。ただし、海外の鉄道会社が国内の鉄道会社に連絡するというケースはないようだ。現地に展開している商社であるとか建設会社など、地域に根ざした企業などを通じて国内の鉄道会社に話が伝えられるのだという。

現地の人々との交流が深い団体が仲介する例もある。一般社団法人日本ミャンマー協会によると、副会長の高松重信氏が国鉄に在籍中の1982（昭和57）年以来、当時のビルマ国鉄への技術指導を行っていた実績からミャンマーの鉄道運輸大臣や副大臣、ミャンマー国鉄の高官との間に強固な関係が築かれ、ディーゼル動車の譲渡が実現したという。

国どうしが取りもって日本から海外への車両の譲渡、譲受が実現したケースも見られる。独立行政法人国際協力機構（JICA）は2000（平成12）年に東京都交通局の6000系電車をインドネシアの首都ジャカルタの通勤路線で鉄道事業を行うケレタ・コ

東京都交通局6000系は秩父鉄道にも譲渡されて5000系として活躍中

ミューター・インドネシア（Kereta Commuter Indonesia。当時の名称はKereta Api）に無償で譲渡した。しかし、その後はＪＩＣＡで海外に日本の鉄道車両を譲渡した実例はないという。

地方旅客鉄道が欲しいのはどんな車両

身も蓋もない結論をいえば、地方旅客鉄道にとってありがたいのは新製されたばかりの車両である。これは半分程度冗談としても、同じ譲り受けるのであれば、少しでも程度のよい車両を望むというのは当然の帰結だ。

それでは程度のよい車両とはどのような車両であるのか。これも第3章で具体例を紹介しておいたので詳細はそちらをご覧いただくとして、まとめれば以下のとおりだ。電車であるという前提で、個条書きで記していこう。

1．車体は腐食に強いステンレス鋼製であるとかアルミニウム合金製である
2．主電動機は誘導主電動機で、その制御方式はＶＶＶＦインバータ制御である
3．電力回生ブレーキ付きである
4．ボルスタレス台車を装着している

いま挙げた４点は今日の電車が備えている特徴である。ちなみに、ＶＶＶＦインバータ制御とは、架線から取り込んだ直流をインバータによって三相交流に変換すると同時に電圧と周波数とを変化させて、誘導主電動機を駆動させたり、回生させるといった制御を指す。また、電力回生ブレーキとは、主電動機を発電機として使用した際に生じる大きな抵抗力をブレーキ力とするいっぽう、発電された電力を架線や第三軌条などの電車線であるとか蓄電池やフライホイールといったエネルギー貯蔵装置に供給するブレーキ方式だ。ボルスタレス台車とは、台車枠と車体との間の枕ばりや心皿装置を省き、枕ばねで直接車体を支える台車である。

枕ばりなどを省略したボルスタレス台車（写真はJR四国7000系のefwing台車。efwing台車については第4章164ページを参照）

電車を譲渡する側となるＪＲ旅客会社、大手民鉄や公営鉄道でも、こうした特徴をもつ電車にすべて置き換えられたとはいえない。したがって、地方旅客鉄道が譲り受ける電車はさらに一世代前の構造を備えた電車となってしまうケースも見られる。その一世代前の構造を備えた電車とは——。

1. 車体は普通鋼製である
2. 主電動機は直流直巻電動機で、その制御方式は電機子チョッパ制御または添加励磁制御。主電動機は直流複巻電動機で、その制御方式は界磁チョッパ制御である
3. 電力回生ブレーキ付きである
4. 台車はボルスタ付き台車である

普通鋼製の車体は、原材料費がステンレス鋼やアルミニウム合金よりも安価であることから、１９９０年代に入るまで鉄道車両の車体の材料として一般的であった。しかし、普通鋼は錆を考慮して一定の板厚が必要であるために質量がかさみ、また腐食の進行によって新製から5年程度が経過すると車体の補修を行わなくてはならない。普通鉄道の電車では、８年を超えない期間ごとに行わなくてはならない定期検査である全般検査の際に車体の塗装をやり直す必要も生じる。

いっぽう、車体の補修や改修、改造工事、それから全般検査時の塗装はステンレス鋼製の車体では不要だ。アルミニウム合金製の車体の多くは全般検査時に塗装するものが多いが、補修などはほぼ不要となる。地方旅客鉄道にとって、もはや普通鋼製の車体をもつ車両はできれば選びたくないというのが本音かもしれない。

電機子チョッパ制御、界磁チョッパ制御のチョッパとは直流電流をスイッチング素子によって高速でオン、オフを行う動作を指す。この動作によって主電動機を制御するために必要な電圧や電流を出力することができる。

なお、電機子チョッパ制御とは、主電動機の電機子に接続されたチョッパによる電圧制御、界磁チョッパ制御とは、チョッパによって主電動機の界磁電流を変化させて車両の速度を制御する方式であり、何のことやらという方が大半かもしれない。すでに一世代前の技術であるので、詳細を省くと、電機子チョッパ制御は停止状態から加速する際にも行われるのに対し、界磁チョッパ制御は停止状態から加速する際には行われず、主電動機が一定の回転数となった後にさらに回転数を増やすために行われるというものとなる。界磁チョッパ制御のほうが機能限定版で導入コストも低かった。現状でもチョッパ制御の電車といえば、界磁チョッパ制御を採用したものが大多数である。

ＪＲ旅客会社は、前身の国鉄が界磁チョッパ制御ではなく、添加励磁制御を導入した。直流直巻電動機の界磁巻線に主回路以外の電源から電流を重ねることによって車両の速度を制御する方式だ。こちらも停止状態から加速する際ではなく、主電動機が一定の回転数となった後に行う。要は界磁チョッパ制御と似たようなもので、主電動機に構造の単純な直流直巻電動機を使用できるというメリットをもつ。

ボルスタ付き台車というのは、車体と台車枠との間に枕ばりと呼ばれる梁《はり》を備えた台車を指す。軌道から台車へと伝わった左右方向の振動を和らげる役目を果たしてくれるが、何といっても重い。近年の新車は、よほどの急曲線を走行するというのでもない限り、大多数が軽量なボルスタレス台車に置き換えられてしまった。

ところで、ボルスタ付き台車の場合、枕ばね装置といって車体と台車枠との間のばね装置には金属ばねと空気ばねとが存在し、通勤用の電車の場合は金属ばねも多い。だが、ボルスタレス台車の枕ばね装置は空気ばねだけであり、金属ばねを装着したボルスタ付き台車では乗り心地という点でも不利となる。

一世代前の構造を備えた電車といっても十分使用可能だ。技術面では安定しているので、堅牢で故障も少ないというメリットも得られる。

とはいえ、チョッパ制御や添加励磁制御を実現するための装置に用いられている電子部品類はすでに大半が製造を打ち切られているので、故障するとやっかいだ。電車を譲り受けた地方旅客鉄道の多くは予備の部品も一緒に導入しているが、それさえも使い切ってしまえば心もとない。となると、時期が到来したら制御装置だけは最新のものに更新してしまうという選択肢もある。部品の入手問題に関しては電車を新製してもつきまとうので、割り切って考えてもよいのかもしれない。

人気の電車は

地方旅客鉄道が欲しい電車とは、現在使用している電車と同じ仕様をもつ電車だといえる。という次第で、全国に105社が存在する地方旅客鉄道のうち、国鉄やJRから転換された鉄道会社以外を対象に、電車を走らせている40社の電車について、車両の長さと側面の客用扉の数を2018（平成30）年4月1日現在で**表5**にまとめてみた。参考にしたのは『私鉄車両編成表2018』（ジェー・アール・アール編、交通新聞社、2018年7月）だ。

なお、JR旅客会社であるとか大手民鉄と同じ普通鉄道の電車を対象としようと考えたため、実質的には路面電車の電車が走行する福井鉄道、広島電鉄宮島線、筑豊電気鉄道の3社を除いた。

集計の結果は表5のとおり。車両の長さが18メートル級の電車は40社中延べ22社で走らせており、JR旅客会社や大手民鉄で主流となる20メートル級を走らせている延べ19社を上回る。いっぽう、側面の客用扉の数は1カ所が延べ7社、2カ所が延べ16社、3カ所が延べ29社、4カ所が延べ8社という結果となり、3カ所の人気が高い。以上から、地方旅客鉄道は車両の長さが18メートル級で、側面の客用扉の数が3カ所の電車を求めていると考えられる。

地方旅客鉄道がJR旅客会社、大手民鉄や公営鉄道から電車を譲り受ける場合、統計としては18メートル級の電車で側面の客用扉の数が3カ所という構造が最適で、2カ所は2番目の選択肢だ。しかし、今日、このような電車は数少ない。JR旅客会社にはそのような電車はないし、大手民鉄、公営鉄道も同じような状況である。

先ほどの『私鉄車両編成表2018』を用いて、18メートル級で側面の客用扉の数が3カ所という大手民鉄や公営鉄道の電車を探してみよう。すると、東武鉄道の20000系、京成電鉄の通勤車両全般、東京急行電鉄の1000系、7000系、7700系、京浜急行電鉄の600形、1000形、1500形、東京地下鉄の02系、03系、東京都交通局の5300形が該当する。実をいうと、名古屋鉄道、京阪電気鉄道、阪急電鉄、阪神電気鉄道、西日本鉄道にも似たような構造の電車は多数走っているが、長さを調べるとどれも19メートルに近い18メートル台であり、19メートル級というべきであろう。車両の長さが1メートル違うと使い勝手は異なるので、別物と考えた。

地方旅客鉄道はいま挙げた電車を選べばよいのだが、ここで問題が生じる。軌間だ。左右に2本敷かれたレールどうしの最短距離を表す軌間は地方旅客鉄道の場合、多くはJRの在来線と同じ1・067メートルである。ところが、京成電鉄、京浜急行電鉄、東京都交通局の3社で該当する電車、それから東京地下鉄のうち02系の軌間はすべて1・

表5　地方旅客鉄道の電車の仕様（2018年4月1日現在）

		車両の長さ	側面の客用扉の数	備考
1	弘南鉄道	18m級	3カ所	
2	仙台空港鉄道	20m級	3カ所	
3	福島交通	18m級	3カ所	
4	野岩鉄道	20m級	2カ所	
5	会津鉄道	20m級	2カ所	
6	上信電鉄	20m級	3カ所	
7	上毛電気鉄道	18m級	3カ所	
8	秩父鉄道	20m級	3カ所、4カ所	
9	銚子電気鉄道	16m級、18m級	3カ所	
10	流鉄	20m級	3カ所	
11	芝山鉄道	18m級	3カ所	京成電鉄からの借入車
12	江ノ島電鉄	14m級	2カ所	電車はすべて連接車
13	箱根登山鉄道	15m級	2カ所	
14	伊豆急行	20m級	1カ所、4カ所	
15	伊豆箱根鉄道	18m級、20m級	3カ所	18m級車は大雄山線用、20m級車は駿豆線用
16	岳南電車	18m級	3カ所	
17	富士急行	18m級、20m級	1カ所、2カ所、3カ所、4カ所	
18	アルピコ交通	18m級	3カ所	
19	上田電鉄	18m級	3カ所	
20	長野電鉄	18m級、20m級	1カ所、2カ所、4カ所	
21	静岡鉄道	18m級	3カ所	
22	遠州鉄道	19m級	2カ所、3カ所	
23	大井川鐵道	18m級、20m級	1カ所、2カ所、3カ所	
24	豊橋鉄道	18m級	3カ所	
25	三岐鉄道	12m級、20m級	2カ所、3カ所	12m級車は北勢線用、20m級車は三岐線用
26	北越急行	20m級	2カ所	
27	富山地方鉄道	19m級、20m級	1カ所、2カ所、4カ所	
28	北陸鉄道	18m級	3カ所	
29	えちぜん鉄道	10m級、20m級	1カ所、2カ所、3カ所	10m級車は連接車
30	近江鉄道	20m級	3カ所	

		車両の長さ	側面の客用扉の数	備考
31	叡山電鉄	16m級	2カ所、3カ所	
32	四日市あすなろう鉄道	12m級、16m級	1カ所、2カ所	
33	養老鉄道	20m級	4カ所	
34	伊賀鉄道	18m級	3カ所	
35	和歌山電鐵	18m級	2カ所	
36	水間鉄道	18m級	3カ所	
37	一畑電車	18m級、20m級	2カ所、3カ所、3カ所	
38	高松琴平鉄道	15m級、18m級	3カ所、4カ所、3カ所	
39	伊予鉄道	18m級	3カ所、3カ所	
40	熊本電気鉄道	16m級、18m級、20m級	3カ所、4カ所	

地方旅客鉄道のうち、路面電車用の電車が主体の福井鉄道、広島電鉄宮島線、筑豊電気鉄道は割愛した。
出典：『私鉄車両編成表2018』（ジェー・アール・アール編、交通新聞社、2018年7月）

車両の長さについて

10m級〜16m級の電車を保有する鉄道会社	10
18m級の電車を保有する鉄道会社	22
20m級の電車を保有する鉄道会社	19

側面の扉について

1カ所	7
2カ所	16
3カ所	29
4カ所	8

435メートルと新幹線などと同じで、そのままでは乗り入れできない。台車を改造するにしても大変なので、このようなときは台車だけは他社で廃車となった軌間1・067メートル用の台車を手配するという面倒が生じる。

となると消去法で東武鉄道の20000系、東京急行電鉄の1000系、7000系、7700系、東京地下鉄の03系

東京急行電鉄7700系

東武鉄道20000系は４両編成に改造されて20400系となり、自社線内で「第二の人生」を送ることになった

が残された選択肢だ。東京急行電鉄の７０００系は７７００系を置き換えるために新製されたばかりであるので、譲渡してくれないであろう。となると残るは４車種であり、現実に東京急行電鉄の１０００系や７７００系、東京地下鉄の０３系は譲渡の話が聞かれる。東武鉄道の２００００系はまだ自社で使い続ける旨が発表されているから、地方旅客鉄道がもしも18メートル級で側面の客用扉の数が３カ所という条件で探した場合は、全国にこれら3系列しかないのだ。

ちなみに、18メートル級という条件はそのままに、側面の客用扉の数を2カ所に減らして探すと、南海電気鉄道の２０００系、２２００系、２３００系しかない。いずれも南海電気鉄道高野線で欠かせない電車であるので、譲渡してもらえるかどうかという状況である。

第3章

「第二の人生」電車が活躍する鉄道会社

各社の名車が一堂に勢ぞろい～富士急行の電車

京王電鉄、ＪＲ東日本、小田急電鉄、ＪＲ東海からの電車が活躍する富士急行

富士急行は大月～富士山間23・6キロメートルを結ぶ大月線、富士山～河口湖間3・0キロを結ぶ河口湖線と合わせて2路線26・6キロメートルで鉄道事業を展開する鉄道会社だ。路線はすべて山梨県内に敷設されている。線路のあらましは、左右のレール頭部間の最短距離を示す軌間が1・067メートル、全線が直流1500ボルトで電化され、全線が単線という状況だ。

本書と同じ交通新聞社から発行の『私鉄車両編成表2018』によると、2018（平成30）年4月1日現在で同社には31両の電車が在籍しているという。内訳は、1000系が2両編成4編成（うち1編成は特別仕様の「富士登山電車」）の8両、5000形が2両編成1編成の2両、6000系が3両編成5編成の15両、8000系が3両編成1編成の3両、8500系が3両編成1編成の3両である。

旅客輸送に使用される31両の電車は、2両の5000形が同社の発注によって新製され

富士急行1000系「富士登山電車」

富士急行6000系

た車両であるほかはすべて他の鉄道会社から譲渡されたものだ。1000系は元京王電鉄の5100系、6000系は元JR東日本の205系、8000系は元小田急電鉄の20000形、8500系は元JR東海の371系である。なお、元の電車が同じ205系であるにもかかわらず、6000系に6500系列が含まれている理由は戸閉め機の構造の違いによるものだ。

「あさぎり」をルーツにもつ「フジサン特急」「富士山ビュー特急」

富士急行は8000系3両編成1編成を用いて「フジサン特急」、8500系3両編成1編成を用いて「富士山ビュー特急」と、2種類の特急列車を走らせている。2018年3月17日に実施されたダイヤ改正では大月~河口湖間を「フジサン特急」は平日3往復、土休日2往復、「富士山ビュー特急」は平日2往復、土休日3往復運転している。なお、「フジサン特急」は利用者の多い時期には河口湖から大月までの臨時列車1本が増発されることもある。

8000系、8500系とも、特急「あさぎり」という同じ列車向けにつくられた電車だ。特急「あさぎり」とは新宿~沼津間を小田急電鉄小田原線とJR東海御殿場線とを直通して運転される特急列車で、1991（平成3）年3月16日に実施されたダイヤ改正でそれまで新宿〜御殿場間に運転されていた急行「あさぎり」を格上げする形で誕生している。8000系の前身である小田急電鉄20000形、8500系の前身であるJR東海371系とも、特急「あさぎり」の運転開始に伴って製造され、20000形は7両編成が2編成の14両、371系は7両編成が1編成の7両が1990（平成2）年の暮れから1991年初頭にかけて登場した。

ときは流れ、特急「あさぎり」の利用動向は変わり、2012（平成24）年3月17日に実施されたダイヤ改正で新宿〜御殿場間へと運転区間が縮められる。同時に20000形、371系とも「あさぎり」での運用から退き、代わりに小田急電鉄の60000形へと変更となった。

先代「フジサン特急」用電車の老朽化によって車両の置き換えを実施

小田急電鉄は「あさぎり」での運用を終えた20000形を他の列車に用いることはなく2013（平成25）年度中に2編成とも廃車としている。いっぽう、JR東海はしばらくの間、371系を臨時列車として営業に用いた。だが、それも2014（平成26）年11

月末まで。２０１４年度中にやはり廃車としている。

２０００形、３７１系が廃車となろうとするころ、富士急行は初代「フジサン特急」として用いていた２０００系電車の老朽化に頭を悩ませていた。２０００系は元ＪＲ東日本の１６５系ジョイフルトレイン「パノラマエクスプレスアルプス」で、３両編成２編成を購入した富士急行は２００２（平成14）年２月28日から「フジサン特急」として走らせている。

ご存じの方も多いであろうが、１６５系とは国鉄によって新製された急行形直流電車だ。「フジサン特急」用の２０００系の履歴をたどると、最も古い車両で１９６７（昭和42）年３月の製造、最も新しい車両でも１９６９（昭和44）年５月の製造と、２０１３年の時点で登場から40年余りが過ぎていたから、確かに老朽化は深刻であろう。

２０００系は２編成が在籍していたから、置き換えにあたっては２編成が必要となる。富士急行はさまざまな選択肢から、世界遺産である富士山に向かう観光列車にふさわしい車両として２０００形と３７１系との導入を決めたという。

富士急行によると、導入の理由として挙げられるのは、２０００形、３７１系とも車体側面の窓が大きくつくられており、また先頭車両には運転室越しに前面を眺めることのできる構造となっていたからであるという。20000形、371系が備えているこうした特徴が、単なる移動の手段ではなく、富士山という観光地をめぐる列車の旅に合致していると考えられたのだ。

重箱の隅をつつくようで恐縮ながら、先に廃車となった20000形であれば2編成分を確保することができた。なぜ20000形を2編成購入せず、20000形と371系とを1編成ずつ購入したのだろうか。そのあたりの経緯はよくわからないが、何といっても個性的な特急電車が2種類も走ることになったのであるから、利用者にとっては喜ばしい限りである。

個性的なキャラクターが描かれた「フジサン特急」

「フジサン特急」用の8000系は2014（平成26）年7月12日に営業を開始した。小田急電鉄は20000形を2013年度中に廃車としているので、ほとんど休む間もなく改造されて、新たな任地である富士急行へと異動したのだ。

8000系は、富士山駅方の1号車が展望車両で指定席車両のクモロ8001という制御電動車、2号車が自由席車両のサハ8101という付随車、大月駅・河口湖駅方の3号車が自由席車両のクモハ８０５１という制御電動車から構成されている。３両とも、２編成が在籍していた小田急電鉄２００００形のうち、２番目の編成に組み込まれていた車両だ。

クモロ８００１はデハ２０００２という制御電動車、サハ８１０１はサハ２０００５２という付随車、クモハ８０５１はデハ２０３０２という制御電動車がそれぞれ小田急電鉄時代の車号である。２００００形時代は新宿方からデハ２０００２‐サハ２０００５２‐デハ２０１０２‐サハ２０１５２‐サハ２０２５２‐デハ２０２０２‐デハ２０３０２の７両編成を組んでいた。したがって、７両編成のうち、デハ２０１０２からデハ２０２０２までの４両を外したことになる。ちなみに、外された４両のうち、サハ２０１５２とサハ２０２５２との２両の付随車は２階建て車であった。ということは、サハ８１０１はサハ２０００５２ではなく、これら２両のうちの１両のほうが展望室を備えているのでさらによかったように感じられる。だが、２階建て車は構造上の問題もあってバリアフリーへの対応が困難なことや、その他の設備を考えると、サハ２０００５２であれば便所や洗面所が設けられているし、補助電源装置や電動空気圧縮機といった補機類を搭載することも可能だ。２階建て車両の２両には、スペースの都合でこうした設備、装置が搭載されていないこともあって、３両編成を組むのは難しかったのであろう。

８０００系の車体には富士山をモチーフにしたユニークなキャラクターが描かれており、先代の２０００系のイメージを踏襲したデザインとなっている（巻頭の口絵参照）。富士急行が「フジサンキャラクター」と呼んでいるキャラクターはすべてが異なる顔をもち、そして表情も異なっており、一度見たら絶対に忘れられないこと請け合いだ。

今度は車内を紹介しよう。展望車両で指定席車両の１号車は運転室のすぐ後方に応接室のような展望スペースが設けられた。大月駅、河口湖駅どちらの駅を出発した時点でも富士山駅、つまりは富士山側を向いているので、前面の窓越しに日本一の山の美しい姿を拝むことができる。

１号車に乗車すると、だれでも利用できる展望スペースの後方にグレードの高いリクライニング腰掛、要はＪＲ旅客会社のグリーン車に相当する腰掛が設置された。最初の６列は通路をはさんで２列＋１列という座席の配置で、その次の２列は２列＋２列となっている。そのまた次の後部寄りの２列は２列＋２列の座席が向かい合わせに配置されており、向かい合わせとなった座席と座席との間にはテーブル、周囲にはパーティションが設けられており、個室のような空間となった。

8000系1号車の後部寄りの個室風座席

2号車、3号車は通路をはさんで2列+2列の座席配置となり、リクライニング腰掛がずらりと並ぶ。特急車両として申し分のない設備だといえる。2号車には一般向けの座席のほか、車いす対応の座席、それに車いす対応の便所に洗面所、車掌室が設けられた。

「フジサン特急」に乗ることで富士山の魅力や楽しさを感じてほしいとは、開発にあたっての富士急行の意気込みだ。観光客の人気は高く、駅に停車している間はだれかしらが8000系にカメラを向けている。

ホテルを思わせる「富士山ビュー特急」

富士急行は「富士山ビュー特急」の営業を2016(平成28)年4月23日から始めてい

る。８５００系は８０００系とは異なる考え方でまとめられた電車だ。富士急行によれば、そのコンセプトは「楽しみながら世界遺産を再認識する鉄道の旅」とのこと。どこか懐かしさが感じられる老舗のホテルのような車内で、有名ホテルのパティシエが腕によりをかけたスイーツを味わいながら、乗り合わせた人どうしのコミュニケーションが自然に生まれる時間と空間とを提供することを主眼としている。

８５００系の最大の特徴は、「富士山ビュー特急」の全体的な意匠を鉄道にまつわるデザインの第一人者である水戸岡鋭治氏が担当したという点だ。富士急行は、世界遺産を堪能する空間には極めて上質なサービスが求められると考えた。そして、車内で提供されるサービスや食事、乗務員の制服といったすべての点で総合的なプロデュースが欠かせないとして、水戸岡氏に車両のデザインだけでなく全体の監修も依頼したのだという。

完成した８５００系はどこから見ても「水戸岡デザイン」と呼ぶにふさわしい外装、内装を備えている。車体は赤系統の塗色ながら、そう単純な色合いではない。水戸岡氏ならではの独特な調合で、漆器のような味わいをもつ。各所に施された文字類もまた嫌味のないというか、「老舗のホテルならこのようなデザインに違いない」と思われるもの。

車内は市松模様に和洋折衷と大正ロマン風のデザインでまとめられた。内装材に木を多

富士急行8500系

用するのは水戸岡氏ならでは。というよりも水戸岡氏が不燃性に加工した木材を車両の内装材に使用したいと提案しなければ、このようなデザインは少なくとも国内の鉄道車両には存在しなかったであろう。

８５００系は富士山駅方の1号車が特別車両で指定席車両のクロ８５５１という制御車、２号車が自由席車両のモハ８６０１という電動車、大月駅・河口湖駅方の3号車が自由席車両のクモハ８５０１という制御電動車である。クロ８５５１は元はクモハ３７１-１という制御電動車、モハ８６０１は元はモハ３７０-１０１という電動車、クモハ８５０１は元はクモハ３７１-１０１という制御電動車がそれぞれJR東海時代の車号だ。３７１系時代は新宿

8500系1号車のオープンスペース

方からクモハ３７１‐１＋モハ３７０‐１＋モハ３７１‐２０１＋サロハ３７１‐１＋サロハ３７１‐１０１＋モハ３７０‐１０１＋クモハ３７１‐１０１の７両編成を組んでいた。したがって、７両編成のうち、モハ３７０‐１からサロハ３７１‐１０１までの４両を外したことになる。改造にあたっては、クモハ３７１‐１から主電動機や主制御器を取り外して制御車とするという具合に、８０００系にはなかった改造メニューが付け加えられた。

特別車両で指定席車両の１号車は飲食を楽しみながら乗車できるというコンセプトのもと、どの座席にも大型のテーブルが設けられている。運転室後方すぐのオープンスペースには円卓が置かれ、その周りを１人がけの腰掛が囲む。オープンスペース後方は2人がけの腰掛と1人がけの腰掛とがそれぞれ向かい合わせに並べられ、座席と座席との間には大型のテーブルが置かれた。後部寄りにはオープンカウンター、それに照明で灯された飾り棚が設置されており、特別車両の利用者にスイーツや飲み物を提供するスペースが用意されている。

2号車と3号車は通路をはさんで2列+2列の座席が並ぶ。座席に張られたモケットのデザインは2号車が赤色系統、3号車が青色系統と異なる。こちらも特急列車の設備として何一つ不足はない。

新車効果は絶大

富士急行によると、8000系、8500系が営業を開始したことにより、従来よりも特急列車の輸送力は向上したそうだ。加えて、富士急行の列車が富士山に行くための単なる交通手段ではなく、富士山を楽しむための新たな時間と空間とが提供できるようになったと考えているという。

そうした努力のかいもあり、富士急行の旅客の主要な層である観光客が増加した結果、輸送人員は好調な伸びを示している。2017(平成29)年度は357万6000人で、前年度の2016(平成28)年度の356万6000人と比べると1万人、0・3パーセントの増加を記録した。中小民鉄というと利用者が年々減少するというイメージが強いものの、そうした傾向は富士急行にはあてはまらない。

興味深いことに、8000系と8500系とを本編で紹介した限りでは、どちらも新車、それも鉄道車両メーカーで新製された車両そのものに見えるという点だ。特に8500系については、完全な新車といっても一般の人はだれも疑わないであろう。富士急行は8000系、8500系をどうしても新車に見せたかったというよりも、たまたま同社が目指す方針によって譲渡された車両に手を加えた結果、新車同然に仕上げられたというべきであろう。こうなると、新車とは何かと問いかけたくなる。その答えは各自が見つけられるであろう。富士急行の列車に乗りながら。

譲渡先でも地下に潜る～長野電鉄の電車

小田急電鉄、ＪＲ東日本、帝都高速度交通営団、東京急行電鉄からの電車が活躍する長野電鉄

長野電鉄は長野～湯田中間33・２キロメートルを結ぶ長野線の１路線で鉄道事業を行う鉄道会社である。路線が敷設されているのはすべて長野県だ。線路は軌間が１・０６７メートル、全線が直流１５００ボルトで電化されている。加えて、長野～朝陽《あさひ》間の６・３キロメートルが複線、残る朝陽～湯田中間26・９キロメートルが単線というのが２０１７（平成29）年４月１日現在の姿だ。

車両についての状況を『私鉄車両編成表２０１８』で見ていこう。長野電鉄に２０１８（平成30）年４月１日現在で在籍している車両の数は48両で、すべて電車である。内訳は１０００系が４両編成２編成の８両、２０００系が３両編成１編成の３両、２１００系が３両編成２編成の６両、３５００系が２両編成５編成の10両、３６００系が３両編成１編成の３両、８５００系が３両編成６編成の18両だ。

長野電鉄3500系

長野電鉄8500系

全48両が旅客運送事業に従事している長野電鉄の電車のうち、同社の手によって新製された車両は3両の2000系である。ただし、1964（昭和39）年製の2000系は営業には就いていない。小布施《おぶせ》駅構内の側線に留置されていて、「ながでん電車の広場」という形態で車内は一般に公開されている。実質的には保存されているといってよく、いずれは廃車となるかもしれない。

残る45両は他の鉄道会社から譲渡された車両だ。順に説明しよう。

1000系は元小田急電鉄の10000形、2100系は元JR東日本の253系、3500系と3600系とは元帝都高速度交通営団、現在の東京地下鉄の3000系、8500系は元東京急行電鉄の8500系である。元は3000系と同じであるにもかかわらず、3500系と3600系とで系列が分かれているのは、前者が2両編成、後者が3両編成と異なるからであろう。編成中の車両の種類も前者は制御電動車2両、後者は長野方から制御電動車、電動車、制御車が各1両という構成となっている。

45両の電車のうち、8両の1000系と6両の2100系とは特急列車用だ。残りの31両となる3500系、3600系、8500系は基本的に普通列車に使用され、1000系や2100系が検査などで営業に就けない際は3500系や3600系が特急列車に充当されることもある。

　長野・須坂～須坂・信州中野・湯田中間に設定されている特急列車は使用される車両によって愛称が分けられた。１０００系を使用する特急は「ゆけむり」５往復と「ゆけむりのんびり号」臨時１往復、２１００系を使用する特急は「スノーモンキー」６往復だ。「ゆけむり」と「スノーモンキー」とはいわゆる速達タイプの特急列車で長野～湯田中間を最速43分で結ぶ。両特急ともA特急とB特急とに分けられており、A特急は日中の運転、B特急は朝夕の通勤ラッシュ時の運転で、B特急のほうが停車駅が多い。

「ゆけむりのんびり号」は沿線の景色を楽しめるよう、あえて普通列車と同程度の速度で走る列車で、観光列車の要素を採り入れた。長野～湯田中間の所要時間は下り湯田中方面が1時間09分、上り長野方面が1時間07分となっている。

長野電鉄の地下区間を、元の鉄道会社でも地下を走った電車が行く

　長野電鉄長野線の特徴は長野～本郷間の約1・9キロメートルにわたって地下を行くという点だ。鉄道に関する技術上の基準を定める省令で、この区間は地下式構造の区間、そしてこの区間に開設されている長野、市役所前、権堂《ごんどう》、善光寺下の４駅は地下式構造の鉄

地下区間から地上に出た、現役当時の2000系

道の駅と定められている。長野電鉄が譲り受けた電車のすべては元の鉄道会社でも地下区間または地下式構造の鉄道の駅を走行していたので、火災対策については基準を満たしており、問題はない。

ちなみに、いま取り上げた電車が元の鉄道会社で走行していた主な地下式構造の区間または地下式構造の鉄道の駅を挙げておこう。1000系が小田原線新宿駅、2100系が総武線東京～錦糸町間や東海道線（横須賀線）東京～品川間、成田線の空港第2ビル、成田空港の両駅、3500系・3600系が東京地下鉄2号線日比谷線南千住～中目黒間、8500系が田園都市線渋谷～二子玉川間、それから乗り入れ先の東京地下鉄11号線半蔵門線渋谷～押上《おしあげ》間である。なお、小田急電鉄は２０１３（平成25）年３月23日に小田原線東北沢～世田谷代田《だいた》間を地下区間に移設しているが、このときすでに１０００系は長野電鉄で営業を始めた後であった。さらに、１０００系が１００００形であった当時、確かに新宿駅は地下式構造の鉄道の駅であったものの、１００００形は営業では地下のプラットホームをあまり使用していない。この駅はプラットホームを地平と地下との両方に設けており、１００００形を含む特急列車は基本的に地平のプラットホームを発着していた。

連接車、前面の展望室と際立った特徴をもつ１０００系

長野電鉄が保有している電車のなかで、最も興味深い存在は１０００系といっても異論はあまり出ないであろう。先述のとおり、小田急電鉄の１００００形という前歴が鉄道に詳しい人にとっては興味をそそられる存在であるからだ。

小田急電鉄は１００００形を特急ロマンスカーと称される特急列車専用の車両として製造した。同社は特急用の電車に独自の構造をふんだんに盛り込んできたという点が特徴で、特に目立つものを挙げれば一つは連接車であるという点、もう一つは運転室を２階に

長野電鉄1000系

上げ、前面を展望室とするという点であろう。

連接車とは、隣接する車体間を台車であるとか自在に動く継手によって結合した車両を指す。10000形の場合は台車によって車体と車体との間が結ばれている。一般的に見られる車両は車体の下に2基の台車が装着されており、車体と車体との間は連結器によって結合されているので、指摘されれば鉄道にあまり関心のない人でもすぐに気づくに違いない。

連接車、前面の展望室、それぞれ全国にあまたある車両のなかで希少な存在だ。ましてや一つの車両に両方の特徴を備えて新製した鉄道会社というと、全国でも小田急電鉄だけである。一般的にいって特殊な構造の車両は運転上も保守上も大変な手間を要し、当然のことながら費用もかさむ。その小田急電鉄ですら、連接車は２００５（平成17）年に新製した５００００形が最後となった。連接車は車両の長さが通常の構造の車両と比べて短いために客用扉の位置が異なり、ホームドアに対応させることが難しいからだという。前面の展望室こそ２０１８（平成30）年３月17日に営業を開始した最新型の７００００形にも踏襲されているが、さて次の特急車両ではどうなるであろうかという状況だ。これだけ不利な条件でありながら、それでもなお長野電鉄が１０００形を譲り受けた背景には、特急列車に対する同社の思いを抜きには語ることはできない。

特急列車を何としてでも運転したい

長野電鉄は特急用として２０００系を１９５７（昭和32）年から１９６４年にかけて３両編成４編成の12両を製造し、地方の中小民鉄としては珍しく、有料の特急列車を走らせてきた。しかし、２０００年代を迎えるころには２０００系も寄る年波には勝てず、老朽化が深刻となってしまう。特急列車の今後について、存続するか否かも含めて検討した結果、利用者のニーズにこたえるべきだという判断によって引き続き運転されることとなり、２０００系に代わる特急用の車両探しが始められる。

選択肢のうち、車両の新製は採用されなかった。代替の特急車両を探し始めた時期となる２００３（平成15）年度の長野電鉄の鉄道事業における営業収支を見ると、営業収益は23億９７５６万円、営業費は23億９７００万円で56万円の営業利益を計上という状況で、多額の借り入れを行って新車を導入することは難しいと考えられたからだ。

となると他の鉄道会社から車両を譲り受ける必要が生じる。長野電鉄自らの得た情報により、小田急電鉄の１００００形が廃車となりそうだということが判明した。詳細な経緯はここまでだが、少なくとも小田急電鉄側から譲渡したいという旨が伝えられたのではない。ともあれ、１００００形に関する情報を入手した長野電鉄では検討を重ねたうえで小田急電鉄を訪れたという。２００４（平成16）年の話だ。

小田急電鉄も１００００形の譲渡に前向きで、長野電鉄は2編成の１００００形を譲り受けることで話がまとまる。また、３両編成の２０００系と同等の輸送力を備えることと同社のホーム長などから、11両編成を組む１００００形を4両編成に短縮することにした。

ここで一つ、小田急電鉄側の意向が長野電鉄に伝えられる。２編成ともまるごと11両編成で譲渡したいというものだ。つまり、長野電鉄は合わせて22両を譲り受けることとなる。長野電鉄としては不要な車両の解体費を負担しなければならないが、最終的にはこの機会を逃すと特急用の電車を入手できなくなるかもしれないと考えて小田急電鉄側の意向を受け入れた。

11両編成の電車が編成の短縮と改造工事とで4両編成に

小田急電鉄で廃車となった１００００形はまずは日本車輌製造の豊川製作所に運ばれて、編成の短縮と改造工事とが実施される。長野電鉄が譲り受けた１００００形は新宿方からデハ１０００２１-デハ１０００２２-サハ１０００２３-デハ１０００２４-デハ１０００２５-デハ１０００２６-デハ１０００２７-デハ１０００２８-サハ１０００２９-デハ１０００３０-デハ１０００３１と、同じく新宿方からデハ１０００６１-デハ１０００６２-サハ１０００６３-デハ１０００６４-デハ１０００６５-デハ１０００６６-デハ１０００６７-デハ１０００６８-サハ１０００６９-デハ１０００７０-デハ１０００７１の2編成だ。デハと付く電車のうち、デハ１０００２１・１０００３１・１０００６１・１０００７１の4両は制御電動車、残る14両は電動車で、サハ１０００２３・１０００２９・１０００６３・１０００６９の4両はすべて付随車である。これらは、デハ１０００２１-デハ１０００２２-デハ１０００３０-デハ１０００３１、デハ１０００６１-デハ１０００６２-デハ１０００７０-デハ１０００７１の4両編成2編成へと短縮され、残る14両は解体されることとなった。

以上まで記すと、元の11両編成から前後の2両ずつを取って4両編成としただけにすぎないが、実際にはそう単純なものではない。10000形には喫茶室であるとか便所・洗面所、公衆電話付きの車両があり、これらは長野電鉄では不要であった。たまたま4両編成へと短縮された車両にはどれも設置されていないという状況で、編成を組み替える手間も少なくて済んだのだという。参考までに記すと、喫茶室はサハ10023・10029・10063・10069の4両に、便所・洗面所はデハ10024・デハ10028・デハ10062・10068の4両に、公衆電話はデハ10028・10068の2両にそれぞれ設けられていた。

編成を短くした結果、余剰となった1編成当たり7両、計14両は即座に解体され、同時に搭載していた機器は廃棄となったのではない。サハ10023・10029・10063・10069には補助電源装置といって電車の走行に直接は用いない電気回路である補助回路、電車の走行に用いる主回路を制御するための電気回路である制御回路の機器に電力を供給する装置、そのなかでも直流から交流へとインバータを用いて変換する静止形補助電源インバータが搭載されていた。いっぽうで、4両編成を組むどの車両にも補助電源装置は搭載されていないので、デハ１００３０、デハ１００７０へと移設されている。余った２基も予備のために取り置くこととなって廃棄されてはいないという。

いま挙げた作業は皆、日本車輌製造が主導して進めていった。１０００形を製造しただけに設計図ももっており、構造を理解していたからだ。実は小田急電鉄から譲り受けた22両のメーカーは日本車輌製造ではなく、川崎重工業であった。それでも日本車輌製造は、同じ構造であるからと編成の短縮と改造工事を引き受けてくれたという。

４両編成へと短縮された１０００形は、静止形補助電源インバータの移設のほかにもさまざまな改造工事を受けた。その内容は長野線の立地によるものがほとんどで寒冷地を走るための対策が施されている。

たとえば、旅客が乗り降りするために側面に設けられた折戸には凍結防止用のレールヒーターが取り付けられた。いっぽう、内部に収められた電熱器によって車内の空気を暖める暖房装置の能力は変更しなかったそうだ。１０００形の場合、中間車の折戸は仕切壁によって区切られた出入台となっており、暖房装置の容量を増やさなくてもよいと考えたという。

40パーミルの急こう配区間を克服する仕組み

長野線の中野松川〜湯田中間6・2キロメートルには、湯田中駅に向かって最大で40パーミルの急こう配が続く。なかでも夜間瀬《よませ》〜湯田中との間の2・8キロメートルは、夜間瀬、湯田中両駅、それから途中の上条駅の構内を除いてほぼ40パーミルだけという過酷な区間となっている。

鉄道に関する技術上の基準を定める省令によって定められた解釈基準によると、列車の運転に常用される本線に設けてよい最も急なこう配は35パーミルだ。したがって、国土交通省に対して長野電鉄が新たな車両を導入すると確認申請を行う場合は、例外的に認められた40パーミルの急こう配を安全に走行するための対策が求められる。その際、10000形の登坂能力は問題ない。しかし、坂を下っていく際の運転には懸念が生じた。

長野電鉄では40パーミルの急こう配区間を通過する電車に対しては抑速《よくそく》ブレーキを用いて対処している。抑速ブレーキというのは下りこう配を走行する際に加速を抑えるブレーキの操作であるとか作動状態を指す。もう少しかみ砕いていうと、要するに止めるためのブレーキではなく、電車のスピードがいまよりも上がらないようにするためのブレーキである。電車の抑速ブレーキを実現させているのは電気ブレーキだ。電気ブレーキとは、走行に用いるモーターである主電動機を発電機とし、そのときに生じた大きな抵抗でブレーキ力を得る仕組みだ。

国内の鉄道では１９６０年代以降、電気ブレーキは広まっており、１９８７（昭和62）年に登場しただけあって１０００形にも当然搭載されていた。したがって、あとは40パーミルの急こう配に合わせてブレーキ力を調節すればよいと考えられたという。ところが、ここで新たな問題が生じる。機器のメーカーである東芝は長野電鉄に対してこのままでは抑速ブレーキの効きが不十分だと伝えてきたのだ。

１０００形の電気ブレーキは主電動機が発電した電力を主抵抗器で熱として放出する。このような電気ブレーキを発電ブレーキという。ＪＩＳによる厳密な定義では「(発電）抵抗ブレーキ方式」（ＪＩＳ　Ｅ４００１の番号７１０３７）とあるが、鉄道業界では発電ブレーキと呼ぶ例が大多数だ。

いっぽうで１０００形の主抵抗器は長らく続く急こう配区間を降りるには少々容量が不足していた。無理に使用し続けると主抵抗器内部にあって電力が流れる抵抗素子の温度が上がりすぎ、最悪のケースでは焼けただれてしまって発電ブレーキそのものが使えなくなる恐れすら生じてしまう。

東芝のアドバイスに従い、長野電鉄は1編成当たり2両、いずれも先頭車に搭載した主抵抗器の容量を増やしている。具体的な施策とは、10組の抵抗素子のうち、2組を改良したのだという。これは導入の際に見込んでいなかった改造費であった。

日本車輌製造豊川製作所で改造工事を終え、10000形は1000系へと生まれ変わる。デハ10021はデハ10031、デハ10022はモハ10021、デハ10030はモハ10011、デハ10031はデハ10001、それからデハ10061はデハ10032、モハ10062はモハ10022、デハ10070はモハ10012、デハ10071はデハ10002とそれぞれ番号を改めた。整理するとこれら2編成は湯田中方からデハ10001-モハ10011-モハ10021-デハ10031、同じく湯田中方からデハ10002-モハ10012-モハ10022-デハ10032という順に編成を組む。

4両編成で連接車ということで台車の数は5基となる。編成両端の先頭車の先頭台車1基ずつ計2基と車体間に設置された台車が3基という内訳だ。これらのうち、先頭車の先頭台車2基、それから先頭車とその隣の車両との間の台車2基はモーター付き、編成のちょうど真ん中にあたる前からも後ろからも2両目どうしの車両間の台車はモーターなしとなった。

検査の際などで車体から台車を外す際、両端に台車を装着した通常の車両ならば、まずは1両ごとに切り離してから、任意の車体をジャッキで持ち上げればよい。だが、連接車の場合はそうもいかない。編成の前側または後ろ側から順に車体を持ち上げる必要がある。実は連接車の車体間の台車とはどちらかの車体としっかりと結ばれていて、もう片方の車体とは比較的容易に外せるような仕組みをもつ。このため、台車を外す方向はたとえば編成の前側からというように決まっている。

長野電鉄が10000形を譲り受けた際、検査を実施する須坂車庫の設備の状況を見ながら編成の向きを考えたという。この結果、小田急電鉄時代とは編成の向きが反対となり、車両の番号の付け方も小田急電鉄とは逆になっている。

運転士への訓練運転の後、営業運転に

長野電鉄に1000系が到着したのは2006（平成18）年春のことであった。長野線を走らせるためには同社が実施する全般検査を受けなくてはならないので、同年夏ごろまでに終わらせたという。

全般検査を実施して本線上を走行可能となれば次は乗務員の訓練運転が必要となる。

1000系の運転室は2階に設けられているから、少し走らせてみると船酔いのような揺れを運転士は感じたそうだ。それから、2階の運転室の下にある展望室の影響を受け、運転室からは先頭車の前面のすぐ前の部分は死角になってしまう。長野線には第四種踏切道といって踏切警報機も自動遮断機も設けられていない踏切が多く、2016(平成28)年3月31日現在でも36カ所ある。訓練運転当初はこうした踏切を通過するのを運転士は皆、怖がっていたというが、そのうち慣れて1000系を自在に操ることができるようになったそうだ。

地上の施設のなかには1000系の入線によって支障が生じるものが現れたという。1000系は車体の幅が広いため、特に曲線区間に設けられたプラットホームなどで車体をこすってしまうと予想されたからだ。

1000系が導入されるまで、長野電鉄で最も幅が広い車両は3500系、3600系で2800ミリメートルであった。いっぽうで、1000系は1110ミリメートル、つまり11センチメートル広い2910ミリメートルとなる。小田急電鉄時代には2900ミリメートルであったところ、車両の点検時などに便利な足掛を取り付けた関係で10ミリメートル増えたのだ。

各所でプラットホームを削るなどして１０００系の入線に備えたなか、大がかりな改修工事が行われたのは湯田中駅である。２本とも曲線の線路の両側にプラットホームが設けられた構造から、直線の線路１本の片側にプラットホームを設けた構造に改められた。その際、３両編成の列車ではいったんプラットホームを通り過ぎ、戻ってきてから途中に設置された分岐器で分かれて延長されたプラットホーム部分に進入するという珍しい運転方法も変更されている。

２００６年９月に実施された改修工事により、２本の線路は１本に減った代わりに線路はほぼ直線となった。湯田中駅は同年10月１日から新しく生まれ変わり、１０００系の運転開始に向けて障害が一つ取り除かれている。

なお、実際は湯田中駅のプラットホームには従来の構造のままでも１０００系が接触することはないと見込まれたそうだが、急曲線という理由などによって国土交通省の指導を受け、１０００系が走り出す前に改修したというのが本当のところらしい。

運転士の訓練を終えた１０００系は２００６年11月３日に臨時列車として運転を開始した。そして翌12月９日に実施されたダイヤ改正から定期運転の特急列車として走り始める。

線路が１本になった湯田中駅に停車中の1000系「ゆけむり」

１０００系の車体の塗装は基本的には小田急電鉄時代を踏襲したものだ。つまり、白色がベースの車体に窓回りは赤色。１０００系の客室は床が高いので窓の位置も必然的に高い。このデザインでは車体の窓の下の腰部が間延びしたようになるため、もう１本赤色の帯が入れられている。

先ほど「基本的には」と記したのは、よく見ると塗装は多少は異なっているからだ。たとえば、白色は小田急電鉄時代と同じ色を調色によって再現したものの、赤色は同社が「長電レッド」と呼ぶやや明るめのものに変えられている。これは当初から、２０００系の〝リンゴカラー〟のような、長野電鉄独自の赤色にする予定だったからだ。また、小田急電鉄時代は同じ赤色でも窓回りと窓の下の帯とでは少々異なり、帯のほうがやや濃い赤色であったが、長野電鉄では同じ赤色としている。

そのいっぽうで1000系の保守には完璧を期した。車両を導入しただけでなく、先述のとおり予備の部品も確保し、故障して走行できなくなるという事態を防いだのだ。具体的にどのような部品を確保したかというと、主制御器や静止形補助電源インバータに使用されているプリント基板で、これらは2セットずつ用意したという。また、もしも予備の部品も使い切ってしまった場合、いまのところはまだ製造したメーカーから取り寄せることも可能だそうだ。それでも、製造したメーカーが補修用の部品の製造を打ち切るなどして、調達できなくなったときのことを考えるとやはり心配だという。

素人目には、台車という車両のなかで最も重要な装置の予備が必要ではないかと考えられる。長野電鉄としても、中間台車については予備の台車を確保しているという。いっぽう、先頭車の先頭部分に装着されている先頭台車はもともと数が少なく、確保できなかったという。連接車の導入というと特殊な構造の連接台車に目にいくが、元来1編成に2基しか装着されていない先頭台車のほうが、入手が難しいというのは盲点であったと長野電鉄の担当者は語る。

結局、予備の先頭台車はないという状態ではあるものの、長野電鉄を走るようになって

11年が経過しても良好な状態であるという。もちろん、台車枠の亀裂の心配が全くないとは断言できないものの、1000系の台車は無理な軽量化などは行っていないらしく、また、予算をふんだんに設定できたバブル期製造のものであるので頑丈であり、いまのところ心配はないという。

営業運転開始後に起きたトラブルをどのように克服したのか

さて、営業運転を開始してみると、当初予想しなかった問題に見舞われた。前面の展望室を中心に客室用のガラスの破損が頻発したのだ。長野電鉄もこれには驚いたという。初めて前面の展望室のガラスが割れた際、同社はメーカーの日本板硝子に慌てて注文したそうだが、特注品であるためなかなか完成しない。この間、展望室を締め切りとして営業に用いるべきか、それともやはり修理を待つか——。検討の末、後者となった。

ちょうどよい具合に小田急電鉄では10000形の展望室用のガラスを2枚予備として所有していたという。長野電鉄は2枚とも借りることとし、返却は日本板硝子に発注したガラスを小田急電鉄に納品することとした。

小田急電鉄から届いたガラスを1000系に取り付けようとした長野電鉄はいままで考

1000系の展望室

えもしなかった事実に驚く。車体の側面を構成している鋼鉄製の板や帯、柱といった構体の腐食が予想以上に進んでいたからだ。しかも、小田急電鉄時代に先頭車が小田原方面であった場合、向かって左側、関東地方の地図を思い浮かべていただくと海側となる側面のほうがより腐食が深刻だったという。

小田急電鉄の路線は江ノ島線の終点の片瀬江ノ島駅付近は別として基本的に海岸に近い区間はない。しかしながら、海水混じりの風の影響はすさまじいものがあると思われ、内陸に敷かれた小田急電鉄の路線であっても深刻な塩害をもたらし、車体を腐食させていたのではないだろうか。

長野電鉄は窓回りの構体を取り換えるという

決断を下す。出費はかさむものの、1000系を長く使用するには最善の策と考えられたからだ。実際に、新品に置き換えられるとガラスの破損はピタリと収まる。側面の補修前に展望室付近のガラスが破損しやすかったのは、2階の運転室が重いことにより、その下の構体への負担が特に大きく、この状態で車両が振動した結果ではないかと考えられた。

なお、1000系のガラスの破損が頻発していたころ、小田急電鉄から長野電鉄にアドバイスが寄せられる。それは、ガラスに保護用のフィルムを貼るというもの。確かに有益と長野電鉄は早速アドバイスに従う。小田急電鉄が保護フィルムの効果を伝えてきたのは理由があり、ちょうどそのころ、小田急電鉄自身も展望室のガラスに鳥が衝突して破損するというトラブルに見舞われたばかりであったからである。

1000系の営業直前になって急きょ変更されたものも挙げておかなくてはならない。変更となったのは、空気ブレーキ装置の最終的な作動部分であり、台車に取り付けられている踏面ブレーキ装置の制輪子、わかりやすくいうと、車輪のうちレールに接する部分に押し付けられるブレーキシューである。

制輪子の材質は、当初は小田急電鉄時代と同じ合成樹脂製の合成制輪子、鉄道業界ではレジンを使用する予定で、運転士の訓練運転もレジンで行われていた。レジンは晴天ならば効きがよく、しかも摩耗も少なくて1年程度は使用可能という長所をもつ。だが、雨天時のように車輪の踏面やレールが濡れていると効きが悪くなり、雪が降るとさらに止まりづらくなってしまう。

長野電鉄の電車はもともと普通鋳鉄制輪子といって、ＪＩＳによると「片状の黒鉛が品出した組織をもち、特殊元素を配合していない一般鋳鉄で製造した制輪子」（ＪＩＳＥ４００１の番号２７００７）を用いていた。このタイプの制輪子は晴天時のブレーキの効きはレジンに劣るし、摩耗の度合いも激しく長野電鉄では1カ月程度で交換しなければならないものの、雨天や降雪時でも効きがあまり悪くならないという特徴をもつ。

ところが、１０００系の制輪子は普通鋳鉄制輪子ではなく、焼結合金制輪子のほうが適していると考え、長野電鉄はメーカーである曙ブレーキ工業に発注した。

それは、１０００系の台車に普通鋳鉄制輪子を取り付けると重くなってしまい、長野電鉄の軌道が負担できる軸重を超えてしまうからではないだろうか。

小田急電鉄時代の数値を参考までに挙げると、先頭車の質量は32・7トン、中間車の質量は22・5トンだ。先頭車の軸重は、先頭台車の2軸、それから連接台車の2軸のうち先頭車側の1軸から32・7÷３＝10・9トン、中間車の軸重は2基の連接台車のうち、該当の車両分の合計2軸で22・５÷２＝11・３トンと求められる。普通鋳鉄制輪子に変えることで軸重がどれだけ増えるのかは不明ながら、たとえば中間車で軸重が12トン以上となって長野線での軸重制限を超えてしまうのかもしれない。これは車軸の数が少ない連接車の盲点でもある。

焼結合金制輪子とは、ＪＩＳによれば、「金属粉末を基材に所用の制輪子特性を付与するための粉末成分を添加して焼成成形した制輪子」（ＪＩＳＥ４００１の番号２７００９）である。雨天時や降雪時のブレーキの効きは普通鋳鉄制輪子並み、そして摩耗は比較的少ないので長野電鉄では数カ月は使用可能という長所をもつ。ただし価格は、普通鋳鉄制輪子はもちろんのことレジンよりも高価といわれる。

こうして、１０００系の踏面ブレーキの制輪子は焼結合金制輪子が採用された。１年を通じて使用され、たとえば春から秋まではレジン、冬季は焼結合金制輪子という使い方をしてはいない。

小田急電鉄の特急ロマンスカーから転身した長野電鉄の特急「ゆけむり」は運転開始直後から好評を博しており、実際に乗ってみると、観光客にも１０００系の存在がよく知られているようで、全車自由席の座席は展望室から埋まっていった。

１０００系の導入に続いて長野電鉄は、１０００系導入後も残された２０００系2編成の置き換えが喫緊の課題であり、代替車両の導入を図る。こうして２０１１（平成23）年2月26日から営業を開始したのが元ＪＲ東日本２５３系の２１００系、通称「スノーモンキー」だ（**巻頭の口絵参照**）。

いま長野電鉄では外国人観光客の利用が増えており、さらなる拡大を目指す。全国的にも珍しい前面展望室付きで連接車の１０００系が末長く活躍することを祈りたい。

新車と譲受車とでは足らず、従来の車両の更新も～一畑電車の電車

東京急行電鉄、京王電鉄から来た電車が活躍する一畑電車

一畑電車は電鉄出雲市～松江しんじ湖温泉間33・9キロメートルの北松江線、川跡《かわと》～出雲大社前間8・3キロメートルの大社線と合わせて42・2キロメートルで鉄道事業を実施する鉄道会社だ。路線はすべて島根県内に敷設されている。線路は、軌間が1・067メートル、全線が直流1500ボルトで電化され、全線が単線というあらましだ。

例によって『私鉄車両編成表2018』を見ると、2018（平成30）年4月1日現在で同社には22両の車両が在籍しているという。すべて電車で、単車といって両端に運転室をもち、1両で運転可能なデハニ50形が2両、1000系が2両編成3編成の6両、2100系が2両編成3編成の6両、5000系が2両編成2編成の4両、やはり単車の7000系が4両である。

これらのうち、2両のデハニ50形は座席と小荷物室とを併設する合造車だ。ただし、現状では動態保存といってよい状況で通常の営業には用いられない。デハニ50形以外の20両

一畑電車2100系。2100系は３編成とも外観が異なり、巻頭の口絵の2101-2111編成は京王色、2103-2113編成は白が基調で一部がオレンジ色の「IZUMO BATADEN 楯縫号」、写真の2104-2114編成はピンクが基調の「ご縁電車しまねっこ号」

はすべて座席車だ。北松江線、大社線で営業運転を行っている。

一畑電車に在籍する電車のうち、２両のデハニ50形と４両の７０００系とが自社で新製した車両だ。残る16両は、１０００系が元東京急行電鉄の１０００系、２１００系（**巻頭の口絵参照**）と５０００系とが元京王電鉄（譲受時は京王帝都電鉄）の５０００系、５１００系である。２１００系と５０００系との違いは客室の構造だ。前者の車内にはロングシートと呼ばれる長手腰掛が設置された。後者の車内は小田急電鉄の特急ロマンスカーの電車から流用さ

一畑電車5000系。2100系、5000系とも京王電鉄時代の車体片側３カ所の片引戸から、２カ所の片引戸に構造を改めた車両もある

れたクロスシートと呼ばれる横形腰掛の一種で、座席を回転させられる回転腰掛が並ぶ車両と、木質化改造を施したボックス型シートが設置された車両となる。

経営の再建を目指して社名を変え、新たな車両の導入を図る

国土交通省鉄道局監修の『平成二十九年度　鉄道要覧』（電気車研究会・鉄道図書刊行会、２０１７年９月）の一畑電車の欄（171ページ下段）を見ると、摘要として次のように記されている。「平18・4・3純粋持株会社体制移行に伴う会社分割により、現・一畑電気鉄道㈱から鉄道事業を承継（平18・3・30　認可）会社分割前の

旧・一畑電気鉄道㈱の設立は明45・4・6)」とある。一畑電車の電車について語るうえで、この間の経緯は触れておかなくてはならない。

一畑電車の前身の一畑電気鉄道は、1970年代以降、輸送人員が年々減るなか、鉄道事業における欠損金については国から補助を受けて何とか鉄道事業を継続してきた。しかし、欠損金の補助は1997(平成9)年度限りで打ち切られ、以降は損失が累積していくばかり。営業の廃止も検討されたなか、線路や施設、車両はそのまま鉄道事業者が保有し、線路、電気設備、車両の修繕費といった維持費を沿線の自治体が補助するという支援策が導入された。その際に補助金の使途が適正であるかを明確にする目的で、北松江線、大社線の鉄道事業に特化した一畑電車が発足したのである。

沿線の自治体である島根県、松江市、出雲市で構成される一畑電車沿線地域対策協議会は2011(平成23)年度から2020年度までの10カ年度を期間として一畑電車支援計画を策定した。そのなかで、一畑電車のさらなる利用促進、そして同社の経営改善をも見越して老朽化が著しい車両の更新計画が盛り込まれる。

2011年3月31日現在で一畑電車に在籍していた電車はデハニ50形を除くと20両。2100系の2両編成がもう1編成多く8両、そして5000系は4両と同じ、さらには

３０００系が8両という顔ぶれであった。３０００系は元南海電気鉄道の２１０００系で１９５７（昭和32）年から１９６４（昭和39）年にかけて、２１００系、５０００系の元となった京王電鉄の５０００系、５１００系は１９６３（昭和38）年から１９６９（昭和44）年にかけてそれぞれ製造された電車だ。２０１１年度の初めの段階で少なくとも新製から41年が経過している状況であった。

一畑電車はこれらの20両の電車を、単車6両、そして2両編成6編成の12両の計18両の電車ですべて置き換える決断を下す。その際には電車を新製するのではなく、18両すべてをＪＲ旅客会社であるとか大手民鉄から購入する計画が立てられた。早速、全国の鉄道会社を対象に、どのような電車がいつごろ、何両廃車となるかといった点についての調査を開始するが、早々に行き詰まる。電車が廃車となる予定について聞かれると、皆、口をつぐんでしまったからだ。一畑電車の見立てでは、関東の大手民鉄は当時、相互直通運転が盛んに計画されていた時期でもあり、車両の廃車計画の発表とは、つまりは相互直通運転の計画を検討にと結び付くからではないかとのことだ。

一畑電車にとって理想の電車、東急電鉄１０００系を譲り受ける

そのようなか、東京急行電鉄（以下東急電鉄）の１０００系電車が上田電鉄と伊賀鉄道とに譲渡されていることを一畑電車は知る。東急電鉄については電車を譲渡した鉄道会社として次項で詳しく紹介するとして、１０００系のあらましについて簡単に触れておこう。

１０００系は１９８８（昭和63）年から１９９２（平成４）年にかけて１１３両が製造された。車体はステンレス鋼製で、主電動機を制御する方式としてＶＶＶＦインバータ制御を採用した電車だ。繰り返しとなるが、ＶＶＶＦインバータ制御とは、架線から取り込んだ直流をインバータによって三相交流に変換すると同時に電圧と周波数とを変化させて、誘導主電動機を駆動させたり、回生させるといった制御を指す。台車は台車枠と車体との間の枕ばりや心皿装置を省き、枕ばねで直接車体を支えるボルスタレス台車を装着した。１９８０年代後半の電車としては最新の装備をもっており、いまでも高性能な電車の部類に入るといってよい。

一畑電車は譲り受ける電車の条件として、長期の使用に耐えられるよう腐食に強いステンレス鋼製の車体を求めており、１０００系はまずはこの条件に合う。ほかにも、消費電

力を少なくするため、一畑電車は省エネタイプのVVVFインバータ制御方式や電力回生ブレーキを備えた電車を希望しており、導入後長く使いたいので、製造から20年程度の電車であることも条件に挙げていた。これらは皆1000系にあてはまる。

そして、何よりも一畑電車の心をつかんだのは、1000系1両の長さが18メートルであるという点であった。当時、同社で営業に就いていたすべての電車の1両当たりの長さが18メートル程度という具合に、線路や施設を大きく改修せずに導入できる18メートル級の電車は同社にとって探し求めていた車両であるからだ。

近年、JR各社や大手民鉄の電車の大多数は1両当たり20メートル級となっている。例外もあって、関東の大手民鉄の京成電鉄や京浜急行電鉄など18メートル級の電車が主力となるところも多い。これら各社から電車を譲渡してもらう方策も考えられるが、すべて軌間が1・435メートルと、一畑電車を含む大多数の中小民鉄の1・067メートルとは合致しない。台車は他の鉄道会社から譲り受けるという考えもあり、一畑電車でも軌間1・372メートルの電車を京王電鉄から譲り受けた際には、台車は東京地下鉄（譲受時は帝都高速度交通営団）の3000系に装着されていたものに変えている。だが、当時と異なり、今回は事がうまく運ぶかどうかはわからない。

一畑電車の担当者は、まずは1000系を製造した東急車輌製造（現在の総合車両製作所）を訪れる。すると、東急車輌製造の担当者は東急電鉄から各地に譲渡される電車の改造を東急テクノシステムが行っていると伝えた。東急テクノシステムについても次項で紹介するとして、結論からいうと東急車輌製造の回答は正しい。何せ東急電鉄が実施している電車の譲渡についての実質的な窓口は東急テクノシステムであるからだ。

今度は東急テクノシステムを訪問した一畑電車の担当者は1000系の廃車の計画について話を聞こうとする。しかし、詳しくはわからないとの返事で、伊賀鉄道に譲渡された1000系の状況を教えてもらうにとどまった。

しばらくして一畑電車に吉報が寄せられる。1000系のうち、東横線で東京地下鉄2号線日比谷線（以下日比谷線）との相互直通運転に使用されていた8両編成7編成の合わせて56両の一部に余剰が生じるとの情報が東急テクノシステムから一畑電車へと伝えられたのだ。

東急電鉄は2013（平成25）年3月15日限りで日比谷線との相互直通運転を休止することとし、乗り入れ用の1000系の一部を池上線や東急多摩川線に転用するほか、残りを順次廃車にしようと計画を立てた。東横線では1000系以外のすべて電車が20メートル級で、ホームドアの導入のためにも1000系を残しておくことはできない。いっぽうで、池上線や東急多摩川線は18メートル級の電車が用いられていて、現に1000系の一部も直接、両線向けに新製されている。だが、こちらは1編成当たり3両編成で運転されており、東横線用の8両編成を3両編成へと短縮しなければならない。その過程でどうしても余剰となる電車が発生し、廃車となるものが現れる。この電車を一畑電車は譲り受けようと考えたのだ。

一畑電車は当初の車両の更新計画どおり、単車6両と2両編成6編成とをすべて1000系からの改造でまかなう心づもりでいたという。しかし、ここで大きな問題に直面する。1000系を単車に改造することは不可能と東急テクノシステムから回答が寄せられたのだ。理由は、18メートル級の電車の床下にすべての機器を搭載することはできないからというもの。車内に機器室を設けたり、屋根上に機器を載せたりといった可能性も考えられるが、機器室のせいで定員が減りすぎて使い物にならないとか、屋根上では冷房装置を撤去しなくてはならないなど、およそ現実的ではない。

単車については東急電鉄から代わりの案が一畑電車に寄せられる。このころ東急電鉄では、8000系や8500系といった長さ20メートル級の電車も廃車の対象となっていた。これらの電車のうち、電動車であれば運転室を2カ所、制御電動車であれば運転室を1カ所、それぞれ増設して単車とするという内容だ。しかし、改造費は高くつき、新車を導入したほうが現実的という結論に至る。

結局、単車については20メートル級の電車を新製することにした。となると予算オーバーは確実で、2012（平成24）年度に一畑電車支援計画を策定した沿線の自治体と再度話し合いのうえ、車両の更新計画を見直す。単車は4両を新製、東急電鉄の1000系は2両編成だけを譲り受けることとし、編成数は当初予定の6編成から3編成6両へと縮小されている。つまり、18両の電車が必要なところ、10両しか手当できなかったこととなり、従来から在籍している電車をすべて廃車にしてしまうと車両が不足してしまう。残る8両は従来からの2100系と5000系とでまかなわれることとなり、今後も使用するためにこれらは車体の更新を行う計画が立てられた。

東急電鉄で廃車となった1000系はいったん東急テクノシステムに譲渡され、ここで改造工事を受けて完成した後、一畑電車に引き渡される。すでに何度も記載しているのでお気づきかと思うが、東急電鉄の1000系は番号こそ変わったものの、一畑電車でも1000系と命名された。東急テクノシステムを介した譲渡の方法については次項で詳しく紹介するとして、1000系の具体的な改造内容を説明していこう。

東急電鉄仕様から一畑電車仕様への改造内容とは

電車の導入費用を左右する項目の一つとして、改造工事がどれだけの規模で行われるかが挙げられる。一畑電車向けの1000系の場合、東急電鉄側から譲渡された車両は6両とも電動車であり、一畑電車が希望する制御電動車と制御車との2両編成を組むには2両とも大きな改造工事を施さなくてはならない。電動車を制御電動車に改めるには運転室を取り付ける必要があり、電動車を制御車に改めるには運転室を取り付けるとともに電動車としての機器である主電動機や制御装置を取り外す必要があるからだ。

改造にあたって新たに誕生した先頭部分は、前面に貫通路をもたないいわゆる非貫通スタイルである。前面の形状はもとの電動車の妻面の構体を活用しているために切妻形状であり、前面には窓が3枚並べられた。両端の窓は上に向かって延ばされており、その部分に前部標識灯と後部標識灯とが1灯ずつ収められている。中央の窓の上にはLED式の行先表示器が新たに設けられた。

前面の下部に目を移すと、密着連結器と電気連結器とが取り付けられていることがわか

東急テクノシステムで一畑電車向けに改造中の元東急電鉄1000系。
写真提供：一畑電車

る。元は中間車であったこともあり、連結器は棒連結器とも呼ばれる永久連結器を装着していたものの、当然のことながら交換となった。一畑電車は連結や解放を頻繁に行うことを想定して電気連結器を併設した密着連結器を採用しており、連結、解放の一連の動作を運転室で行える。

制御電動車にはシングルアーム式のパンタグラフが2基搭載された。電動車であった時代に搭載されていた数は1基で、しかも菱形のパンタグラフが載せられていたから、大きく変化している。パンタグラフの増設は、架線からパンタグラフが離れてももう1基で集電できるように、そして冬季には前側となる1基で架線に付着した霜を取ることができるようにと考えられたからだ。架線と接触する部分であるすり板に雪が積もっても架線から離れにくいシングルアーム式パンタグラフを採用した。なお、パンタグラフのすり板は架線の摩耗が少ないカーボン製のものである。

車内を見ると、制御電動車、制御車とも端部に車いすスペースが新たに設けられている。側面に3カ所ある両引戸はそのまま。ただし、両端の2カ所は半自動化されており、車内外に開閉用のスイッチが取り付けられた。

一畑電車ではワンマン運転を実施しているので、同社が使用しているレシップ製のワンマン機器が搭載されている。外国人の観光客に対応させるため、案内放送や案内表示は日本語のほか、英語でも行う。運転室後方の対面式運賃箱の右側につくられた小さな機器収納スペースには、貸切での運転の際などにアテンダントが車内で放送するための専用の車内放送装置も設置された。

普段は入ることのできない運転室に設置された機器を見てみたい。いうまでもなくすべて同社仕様で、自動列車停止装置（ATS。Automatic Train Stop device）は京三製作所製、列車無線装置は三菱電機製だ。ほかに運転状況記録装置や、運転士が運転中に意識を失ったことを主幹制御器ハンドルや足元のペダルで検知すると自動的に非常ブレーキが作動するデッドマン装置が新設となった。

床下の機器に目を移すと、台車には、レールに油を塗って車輪との摩擦や異音を少なくするための軌条塗油装置が取り付けられている。基礎ブレーキ装置である踏面ブレーキ装置の制輪子は一畑電車の沿線が寒冷地であり、積雪に見舞われることもあり、東急電鉄時代の合成制輪子から普通鋳鉄制輪子へと変えられた。

いま挙げた機器のいくつかは費用を抑えるために極力発生品、つまり他の車両で用いられていたが不要となって使われないでいたものなどを流用するように努められている。また、1000系に用いられている装置類のうち、VVVFインバータ制御装置などのようにすでにメーカーで製造中止となったものについては、予備も必要と一畑電車は考えた。東急テクノシステムは他に廃車となった電車から生じた装置、部品を手配してくれたのだという。

1000系導入にあたって解決しなければならなかったこと

1000系は一畑電車にとって初めてとなるさまざまな新機軸を備えた電車である。先述のとおり、ＶＶＶＦインバータ制御や電力回生ブレーキ、ボルスタレス台車のほか、補助電源装置としてそれまでの電動発電装置から静止形補助電源インバータ（以下ＳＩＶ）も同社初の仕組みだ。これらは従来の機器と比べて消費電力を軽減し、保守の手間も少ないというメリットをもたらす。その反面、新機軸の導入に伴って解決すべき点に多々直面し、一畑電車を悩ませた。

事前に判明していたことながら、ＶＶＶＦインバータ制御装置、ＳＩＶが作動の際にもたらす高周波の電磁雑音により、他の機器の作動に障害となる誘導障害の可能性が生じた。具体的には、踏切に接近する列車を検知し、踏切警報機や踏切遮断機を制御するＡＦＯ－69形踏切送受信器が誘導障害の影響を受け、正常に作動しない恐れがあると懸念されたのだ。

一畑電車は車両側で何とかならないかと東急テクノシステムに要望を出したものの、前例もなく難しいとの答えが返ってきた。結局、同社は１３８台設置されていたＡＦＯ－69形を、誘導障害に対応済みのＡＦＯ－５形にすべて置き換えるという決断を迫られる。この結果、一畑電車支援計画には車両に加え、踏切送受信器の更新費用も必要となった。

蛇足ながら、各地の鉄道会社の鉄道安全報告書を見ると、ＡＦＯ－69形を置き換えた事例が報告されている。えちぜん鉄道の『２０１７鉄道安全報告書』によると、えちぜん鉄道の勝山永平寺線の轟《どめき》駅構内の轟踏切道で２０１６（平成28）年７月14日に発生した踏切障害事故の原因はＡＦＯ－69形によるものと記されている。ＡＦＯ－69形が何らかの不具合を起こしたため、列車が接近しているにもかかわらず、踏切警報機が鳴りやみ、踏切遮断かんが上昇したのだという。結局、えちぜん鉄道はＡＦＯ－69形をＡＦＯ－６形へと更新することを決断した。

長野電鉄の２０１２（平成24）年度版と２０１３（平成25）年度版の『鉄道安全報告書』ではＡＦＯ－69形を保安度の高いＡＦＯ－５形に更新すると記載されている。同社ではＡＦＯ－69形が原因と見られる踏切障害事故は発生していないというが、２０１１年度には踏切遮断機が降りていないにもかかわらず、列車が通過してしまうというインシデントが１件起きてしまった。このインシデントの起きた踏切道の踏切送受信器がＡＦＯ－69形であったのかどうかは同社の『鉄道安全報告書』に記されてない。ともあれ、ＡＦＯ－69形が置き換えの対象となり、現に実施されているという点だけは確かだ。

もう一つの問題点は、電力回生ブレーキが作動しないかもしれないという懸念である。電力回生ブレーキとは、主電動機を発電機として使用した際に生じる大きな抵抗力をブレーキ力にするいっぽう、発電された電力を架線や第三軌条などの電車線であるとか蓄電池やフライホイールといったエネルギー貯蔵装置に供給するブレーキ方式を指す。

一般的に電力回生ブレーキは電車線に電力を戻すことで作動する。しかしこのときにだれかが電力を消費してくれないと、つまり他の場所を走行中の電車が力行《りっこう》といって車両が駆動力を発生させている状態でないと電車線の電圧が上がるだけで、電力回生ブレーキを作動させた電車から電車線へと電力が流れなくなってしまう。こうなると突如として電力回生ブレーキは効かなくなる。これを電力回生ブレーキの失効、略して回生失効という。

一畑電車の場合、列車の運転頻度が低いため、回生失効は大いに懸念された。その対策として、同社は東急テクノシステムに対し、1000系への抵抗器の追加を要請したという。電力回生ブレーキが作動しなくなっても、主電動機が発電した電力を抵抗器で熱として消費してしまえば、ブレーキ自体は作動する。

1000系に抵抗器を追加で搭載できるかどうかについて、東急テクノシステムからの回答は否であった。床下に新たな機器を搭載できないと、単車に改造できない理由と同じく、抵抗器も搭載する場所がないからである。回生失効が起きても機械式のブレーキ装置、1000系の場合は電気指令式ブレーキ装置により、空制ブレーキがバックアップしてくれるが、駅で所定の停止位置に止まることができなくてオーバーランが起きたり、制輪子の摩耗が増えて不経済となったり、あまりよろしくない。

　そこで、抵抗器は地上に設置することになり、２０１８（平成30）年度中に設置の予定であるという。この装置自体は別に運転頻度が少ない鉄道だけに導入されているのではない。

神奈川から島根までの輸送手段も難題に

　１０００系はまずは2両編成2編成の4両が２０１４（平成26）年度中に完成した。このとき、神奈川県横浜市青葉区にある東急テクノシステムの長津田工場での改造工事を終えた１０００系を、どのようにして一畑電車へと輸送するかも悩みの種となる。最も経済的な方法はＪＲ貨物を利用するもの。１０００系をＪＲ貨物の機関車が牽引する輸送方法で鉄道の世界では甲種輸送という。

　ルートは次のような行程が考えられる。長津田工場を出た１０００系は東急電鉄の車両に引かれて東急電鉄こどもの国線の線路を通って長津田駅まで行き、この駅まで迎えに来たＪＲ貨物の機関車によってＪＲ線の旅に出る。長津田駅から横浜線を経由して八王子駅に出て中央線で立川駅に到着。ここで南武線に入って府中本町駅から武蔵野線に入って鶴見へ。ここから東海道線、山陽線を通って倉敷から伯備線、伯耆大山《ほうきだいせん》から山陰線を行く——。

しかし、JR貨物から運べないという旨の返事が来た。JR貨物はすでに2006(平成18)年4月1日には山陰線東松江~出雲市間での鉄道事業を廃止してしまったからだ。甲種輸送は不可能という結論となり、最終的には長津田工場からトラックで港まで運ばれ、ここから船に載せられて鳥取県境港市の港まで行き、トラックで北松江線雲州平田駅構内の平田車庫まで運ばれた。輸送費も当初の見込みよりも高額に上ったという。

ともあれ、1000系は3編成目の2両編成も2015(平成27)年12月10日から営業を開始した。使用してみれば、1000系は従来の電車と比べ、メンテナンスに要する費用が少なく済むことがわかり、いろいろな苦労はあったものの、やはり導入してよかったと一畑電車は考えているという。

従来の電車は電気機器のなかに機械的な作動部分が多く、頻繁な点検や部品の交換が必要であった。だが、半導体を用いて無接点化が図られたVVVFインバータ制御のおかげで、メンテナンスの手間も交換用の部品も大幅に減少している。さらに、電力回生ブレーキによって制輪子があまり摩耗しなくなり、交換の頻度も減ったという。主電動機は誘導

運搬船で輸送中の一畑電車1000系。写真提供：一畑電車

平田車庫で台車に車体を載せる作業中の1000系。写真提供：一畑電車

主電動機であるので、従来の直流直巻主電動機に欠かせなかったブラシが不要となり、保守の手間は大幅に軽減された。

新しめの電車とはいえ、1000系は新製されたばかりの車両ではないから、補修用の部品の入手には気を遣わなくてはならない。1000系に搭載されているVVVFインバータ装置やSIVの製造はすでに打ち切られてしまった。予備部品の確保には努めてはいるものの、プリント基板の在庫がなくなった場合、装置自体が使用不能となる恐れもあり、この点については、心配は尽きない。

一畑電車の1000系の導入費用が果たしていくらであったのか。『一畑電車支援計画(後期計画:平成28年度~平成32年度』に「(4)事業の実施状況」とあり、設備投資の項目を見ると、車両に要した費用が載っている。

2011(平成23)年度から2015(平成27)年度までの実績は7億3400万円で、2016(平成28)年度から平成32年度となる予定であった2020年度までの見込みは7億2800万円で、合計は14億6200万円である。1000系は2015年度までに導入され、単車として新製された4両の7000系は2016年度から翌2017(平成29)年度にかけて導入された。したがって、7億3400万円は1000系6両、

一畑電車7000系

2100系（左）と並んだ営業運転当時のデハニ50形

デハニ50形（左）と同じ装いで並んだ1000系電車。写真提供：一畑電車

7億2800万円は7000系4両のそれぞれ導入費用と考えられる。となると、1000系の導入費用は1両当たり1億2233万円だ。この金額にはもちろん、予備部品代であるとか輸送費を含んでいる。

　ちなみにであるが、電路に関する設備投資として一畑電車は2011年度から2015年度までに9億7600万円を投じた。このなかにAFO-5形への更新費用が含まれているのかもしれない。

　1000系の車体はオレンジ色に塗られ、窓の下には白色の帯があしらわれた。ステンレス鋼製であることを思わせないデザインは実はデハニ50形と同じもの。沿線の人たちから親しみやすいいでたちとあって、6両の1000系はすっかり一畑電車になじみ、主力の車両として活躍中だ。

自社の車両を全国に流通させた東京急行電鉄

1461両の「東急電鉄形」が全国で活躍中

東京急行電鉄（以下東急電鉄）は、東京都南部と神奈川県東部とにまたがって97・5キロメートルの路線網をもつ鉄道事業者であり軌道経営者である。大手民鉄の一員である東急電鉄は多くの鉄道会社に車両を譲渡してきた実績をもつ。

全国の民鉄の車両数や編成の状況について2018（平成30）年4月1日現在でまとめた『私鉄車両編成表2018』によると、東急電鉄から譲渡された電車は13の鉄道事業者に在籍し、合わせて220両が営業に就いているという（**第5章の譲渡車両一覧表参照**）。同書に掲載された東急電鉄の車両数は1241両、うち旅客運送事業用の電車が1238両、特殊車が3両であった。単純に考えれば全国には東急電鉄タイプの電車が少なくとも1241両＋220両の1461両が存在するといえる。また、延べ1461両が東急電鉄に在籍したうち、15・1パーセントに相当する220両が新たな活躍場所を見つけたという見方もできるであろう。

東急電鉄8000系を改造した伊豆急行8000系

東急電鉄によると、２００７（平成19）年度から２０１７（平成29）年度までの11カ年度中に国内の８鉄道事業者、そして海外のインドネシア国鉄に合わせて１４７両が譲渡されたそうだ。内訳を両数の多い順に挙げると、インドネシア国鉄が48両、秩父鉄道が37両、伊豆急行が15両、上田電鉄、伊賀鉄道、福島交通の３鉄道事業者が同数で10両、長野電鉄と一畑電車とが同数で６両、富山地方鉄道が５両となる。なお、１４７両という両数には部品取り用などで営業に使用されない車両も含まれているという。

11カ年度中に１４７両というと、年間にして平均13両の電車が譲渡されている計算となる。先述の『私鉄車両編成表２０１８』、その前年版の『私鉄車両編成表２０１７』とを見比べて

東急電鉄2020系

車両の動きを紹介しよう。東急電鉄の車両数は2017年4月1日現在では1206両、2018年4月1日現在では1241両と35両増加している。2017年度に新製された車両は池上線、東急多摩川線用の新7000系が6両、大井町線用の新6000系が6両、6020系が14両、田園都市線用の2020系が30両、同じく田園都市線用の5000系が6両、合わせて62両であった。ということは27両の車両が役割を終えて廃車となったと考えられる。

いっぽうで2017年度に他の鉄道会社に譲渡された車両は福島交通向けの5両であった。ということは27両分の5両に相当する19パーセントの車両は解体されずに新たな任務を与えられて旅立っているのだ。

現実には、車両の新製と、新製によって実施される車両の廃車との間には多少のタイムラグがあると考えられ、廃車の実施が翌年度以降に持ち越されるケースも多いであろう。したがって、廃車となる車両のうち、どの程度の数が譲渡されるのかを考えるにあたっては、先ほど求められた年平均13両という数値をあてはめるべきかもしれない。となると、27両分の13両に相当する実に48パーセントの車両が「第二の人生」を与えられたのであるから、効率的に活用されているといえる。

こうした背景には、東急電鉄の車両が譲渡先の中小民鉄にとって何かと都合がよい点が挙げられるであろう。たとえば、全長18メートルと中小民鉄にとっては使いやすい寸法と考えられる１０００系電車は、過去11カ年度に上田電鉄、伊賀鉄道、一畑電車、福島交通の４社から引き合いがあるという具合に人気の車両だ。

とはいうものの、中小民鉄が欲しい車両が廃車になったからという理由だけではこうもうまく譲渡されはしないであろう。東急電鉄自身であるとか、間に入った事業者によって廃車となる車両に関する売却情報が全国の鉄道会社に対して告知され、対して購入する鉄道会社はいわばオークションのような形態で最も高い金額を提示した順に車両を導入するという「鉄道車両売買市場」なるものが存在するのかもしれない。近年、フリーマーケットのアプリを開発、運営している某企業が目覚ましい急成長を遂げているのを見て、鉄道車両の世界にも同様の現象が起きているに違いないと考えたくなってしまう。そう思って、東急電鉄に話を聞いてみた。

車両の譲渡を仲介する東急テクノシステム

実をいうと、東急電鉄は自社の車両が近々廃車になるといった情報を他の鉄道会社に対して積極的に知らせるといったことは行っていない。したがって、結果的には廃車となった車両が多数譲渡されてはいるが、東急電鉄は譲渡を前提として自社の車両の置き換え計画を立てているのではないそうだ。

そのいっぽうで、東急電鉄をはじめ、多くの鉄道会社から車両の整備や改造といった業務を請け負って主力事業の一つとしているグループ会社の東急テクノシステムには、東急電鉄の車両の今後の置き換え計画を知らせておくという。東急テクノシステムはさまざまな鉄道会社との取引を通じて、各地の鉄道会社がいま車両を必要としているかどうかの情報を得る。こうした情報は東急テクノシステムとやはり取引のある鉄道車両の機器メーカーなどからももたらされるそうだ。東急テクノシステムは東急電鉄や他の鉄道会社、取引のある機器メーカーなどから得られた情報を総合し、東急電鉄と他の鉄道会社との仲介役となると同時に、譲渡に際しては車両の改造も担当するのである。

電車の譲渡に際しては東急テクノシステムが間に入るケースが大多数だそうだが、まれに他の鉄道会社が東急電鉄に対して直接購入を打診することもあるのだという。それから、東急電鉄に対して人づてで車両の購入の意思が持ちかけられる例もあるそうだ。ただし、この場合はすんなりと決まらないこともあるらしい。東急電鉄は風のうわさである鉄道会社が自社の８５００系を欲しいと考えているという情報をキャッチした。そこで、８５００系を廃車としても解体せずに待っていたが、結局、その鉄道会社から購入の打診の話はなかったという。

さて、２００７年度と翌２００８（平成20）年度とにインドネシア国鉄に東急電鉄の８０００系が８両、８５００系が40両の計48両が譲渡されたときは、東急グループの一翼を担う東急建設を通じてインドネシア国鉄が車両を必要としているとの情報を得たそうだ。東急建設はインドネシアにＰＴ．ＴＯＫＹＵ　ＣＯＮＳＴＲＵＣＴＩＯＮ　ＩＮＤＯＮＥＳＩＡという現地法人を設立して土木建築工事や設計、監理、コンサルティング業務を展開しており、同国初の地下鉄をジャカルタに建設する業務を受注した実績ももつ。電車の購入を希望したインドネシア国鉄の担当者も、東急グループが日本で何の事業を行っているかは当然知っている。もちろん、東急建設も東急電鉄が過去に多数の車両を他の鉄道会社に譲渡してきた実績を把握しているからこそ、海外への譲渡も実現したのだ。

具体的な譲渡の経緯は

東急テクノシステムを通じて東急電鉄と各地の鉄道会社との間で車両の譲渡の話がまとまったとして、どのような経緯をたどるのであろうか。これから説明していこう。

まず、東急電鉄で廃車となった車両は東急テクノシステムに譲渡される。東急テクノシステムは、譲渡先の鉄道会社から寄せられた希望どおりの仕様に改造して売却するという。つまり、車両を譲り受ける鉄道会社は東急テクノシステムに車両の購入代金を支払うのだ。東急テクノシステムが譲渡先の鉄道会社へ提示する車両の価格には、東急電鉄からの購入費、そして改造費、さらには輸送費などが含まれ、いうまでもなく東急テクノシステムが事業を継続させていくために必要な利益も加えられる。その金額はというと、1両当たりだいたい数千万円というのが、譲渡する側、譲渡される側双方から聞いた金額だ。

ここで気になるのは、東急電鉄はいくらで東急テクノシステムに車両を売却しているかである。東急電鉄によれば、1両当たりの売却代金は150万円程度。基本的には軽自動車1台にも満たない金額だという。

ご存じの方も多いかもしれないが、税法上は車両という減価償却資産の耐用年数は13年であり、帳簿上の価格である簿価は一定の金額または割合で減価償却を行えば最終的には1円となる。となれば、150万円程度でもまだ高く、簿価で売ればよいのにと思うのだが、そうもできない。というのも、車両本体の簿価は耐用年数を過ぎれば確かに1円となるが、多くの車両は改造工事を多数受けており、更新の際に新たに取り付けられた機器類などを考慮すれば車両本体は耐用年数を経過していても結構な金額の簿価が計上されているからだ。車両によっても異なるが、廃車となる車両の簿価は1両当たりおおむね数百万円程度だという。

ならば、正確な簿価で売却すればよいと考えられるが、それでは高価となりすぎる。車両を譲り受けたい側としては当然のことながら費用を1円でも節約したい。したがって、改造費や輸送費のほかに数百万円程度の簿価が加わるとなると手を出せない存在となってしまい、譲渡自体がまとまらない恐れも生じる。

そういった点を考慮してか、東急電鉄としては150万円程度に金額を抑えた。同社にとっても悪い話ではない。その鍵は車両の解体費にある。

譲渡が決定した時点で該当となる車両1両の簿価が400万円であり、東急テクノシステムに1両当たり100万円で売却したと仮定しよう。すると、東急電鉄には300万円の売却損が生じる。ところが、車両1両を解体すれば数百万円程度の費用を要するという。1両当たりの解体費を仮に300万円とすれば、売却損は生じても同額の解体費は節約できるから帳簿上は同じことだ。そもそも売却損というか減価償却費自体が実際には現金の支出を伴う費用ではないから、現金の支出を伴う解体費が発生しない時点で、いい方はよくないかもしれないが東急電鉄は会計上のメリットを享受できる。

東急テクノシステムによる電車の改造

それでは、車両がいったん東急電鉄から東急テクノシステムへと移動した後の工程について説明していこう。車両が改造工事を受けるのは、東急電鉄の長津田車両工場に併設されている東急テクノシステムの長津田工場だ。長津田工場では一度に6両の車両を改造する能力をもつ。筆者が取材した当日も東急電鉄の1000系として活躍していた車両がある民鉄へと譲渡されるにあたって改造工事を受けている最中であった。

東急テクノシステムで改造工事中の元東急電鉄1000系

改造工事に関する項目は多岐にわたるなか、素人目にも最大の作業とわかるのは、運転室の取り付けである。元となる1000系は4両とも中間車の電動車であり、これらを制御電動車または制御車に生まれ変わらせ、2両編成を2本組ませるのだ。

運転室の取り付けというと、1980年代中ごろの国鉄で大量に実施されていた改造工事の手法をイメージしてしまう。具体的には、中間車の端部を切断し、新製された運転室部分を溶接してつなぎ合わせるという内容だ。

1000系はというと国鉄のような手法は採用されていない。運転室の新設にあたっては、元の外板と骨とを極力残し、元の構体に歪みが生じないよう留意しながら、側面の乗務員室扉用として開口部を設けたり、その反対に貫通路を埋めたりといった加工を施して運転室が構成されている。3枚窓で非貫通構造となった前面にはまだガラスは装着されていなかったものの、新製されたときからこの姿であったといわれても気づかないほどの美しい仕上がりを見せていた。

取材当日は車体への運転室の設置は終わり、これから艤《ぎ》装という状況であった。新たに取り付けられた運転室の傍らには、布の上に大切に置かれた機器が目に入る。運転士の目の前に置かれ、ハンドル類や計器類を収めた操作盤の一種であるワンハンドル式の主幹制御器だ。

ご存じの方も多いと思うが、念のために説明しよう。ワンハンドル式とは、加速を司る主幹制御器ハンドルと、ブレーキを作動させるためのブレーキハンドルとが文字どおり1本のハンドルとなったもので、手前に引けば車両は加速し、前方に押せばブレーキが作動する。ワンハンドル式を国内で初めて採用したのは東急電鉄であり、1969（昭和44）年にデビューした8000系に装着されて以来、同社の車両はもちろん、いまやJR各社を含めて全国に普及した。

これから取り付けられるワンハンドル式の主幹制御器はきれいに整備されているが、その他運転台コンソールに取り付ける計器類などはどことなく古めかしい形状をしている。

聞けば主幹制御器は廃車となった東急電鉄の８５００系から転用したものだという。ワンハンドル式の主幹制御器は新品ではとても高価だそうで、できる限り価格を抑えてほしいとの要望を、車両を譲り受ける鉄道会社から受けている東急テクノシステムとしては、主幹制御器をはじめ運転台に取り付ける機器には在庫があれば、中古品を提案しているのだそうだ。

なお、少々専門的な話を付け加えると、１０００系と８５００系とでは電気指令式空気ブレーキ装置を作動させるための電気信号の方式は異なる。

このため、元８５００系の主制御器から出されたブレーキ指令用の電気信号はブレーキ制御器の回路変更等の改造という一手間を踏む。これでも新品のワンハンドル式の主制御器を買うよりも安いという。主制御器（ＶＶＶＦインバータ）をメーカーに送付して回路変更を行っている。

ブレーキ装置というと、ブレーキシューとも呼ばれる制輪子について触れておかなくてはならない。東急電鉄では１０００系をはじめ、どの車両もレジン制輪子とも呼ばれ、合成樹脂を主体として成形された合成制輪子を用いている。しかし、本章の長野電鉄や一畑電車の項で触れたとおり、合成制輪子は降雪を苦手とする特徴をもつ。このため、両社とも譲り受けた車両の制輪子を普通鋳鉄制輪子といって、黒鉛が晶出した組織をもち、特殊元素を配合していない一般鋳鉄製の制輪子に変えている。合成制輪子と比べれば制動距離は少々長くはなる傾向は見られるものの、降雪時にブレーキの効きが目立って悪くなるという現象は起きづらいからだ。

取材当日に長津田工場で改造工事を受けていた1000系の制輪子は合成制輪子で変更はないという。つまりはこの車両はあまり降雪に見舞われない地域の鉄道会社に譲渡されるのであろうか。

ブレーキ装置についてはもう一つ触れておく点がある。1000系が備えている電力回生ブレーキだ。列車が走行中に主電動機を発電機として使用すると大きな抵抗が生じてブレーキ力となる。このとき発電された電力を架線に供給し、他の列車が加速する際の電力として使用可能となる方式を電力回生ブレーキという。大都市圏の通勤路線ではJR、公営、民鉄を問わずいまや一般的なシステムとなり、消費電力の低減に大いに役立っている。

車両を譲り受ける中小民鉄でも電力回生ブレーキを使用したいところだ。しかし、列車の運転頻度が低いため、せっかく発電しても電力を消費してくれる他の列車が走っていないケースがしばしば生じる。こうなると主電動機を発電機として用いる電気ブレーキそのものが使えないので対策を立てなくてはならない。

一畑電車の項目で紹介したとおり、同社は電力回生ブレーキ付きの１０００系を導入するにあたり、回生電力吸収装置と呼ばれる装置を地上に設置することとなった。要は巨大な抵抗器を設けて、余剰となった電力を熱として放出してしまうという仕組みをもつ。もったいないといえばそのとおりだが、現状ではやむを得ない。大容量で安価な蓄電池が普及すれば、余剰となった電力を充電に用いることができるようになり、さらなる省エネが実現するであろう。

ともあれ、今回長津田工場で改造工事を受けていた１０００系が譲渡される鉄道会社の状況は気になる。列車の運転頻度は電力回生ブレーキを作動させる十分な本数であろうか。それとも回生電力吸収装置が設置されているのであろうか。

答えはいま挙げた２つとも異なる。東急テクノシステムの担当者によれば、１０００系を譲り受けた鉄道会社では電力回生ブレーキそのものを使用せず、制輪子と車輪との間の摩擦に頼る電気指令式空気ブレーキ装置だけで停止させてしまうのだそうだ。電力回生ブレーキを使用しないようにする方法は別に難しくなく、運転室に設置されたスイッチを切っておけばよい。将来、状況が変化したときにすぐに電力回生ブレーキを作動できるようにはしてあると、東急テクノシステムの担当者は付け加える。

制輪子、車輪をはじめ、車軸、基礎ブレーキ装置などを搭載した走行装置、もっと簡潔にいうと台車について、改造工事の際にどの程度手を加えるであろうか。台車は数ある電車の装置、機器類のなかでも最も重要なものであり、今後、譲渡先でどれだけの間、電車が活躍できるかも台車の状況に左右されるといってよい。今回譲渡される1000系はすでに東急電鉄で30年近く使用されてきたため、台車の傷みも気になるところだ。台車のフレームである台車枠を補強する必要に迫られたかもしれない。

東急テクノシステムの担当者によれば、台車には手を加えていないとのことだ。1000系に装着される台車は電動車がTS-1007形というボルスタレス台車。「TS」とは、いまは総合車両製作所である東急車輛製造によってつくられた台車であることを示す。TS形台車は丈夫で定評があるとは東急テクノシステムの担当者の弁だ。

いっぽうで、台車に手を加えないということは、踏面がすり減っていても車輪を交換しないということを意味する。1000系の車輪径は860ミリメートルで、改造工事を受けている電車を見る限りではそう著しく減ってはいないが、新品同様かというとそうでもない。電車を譲り受ける鉄道会社が最も気にする部分の一つが車輪の残量（タイヤ厚）で

東急テクノシステムでの改造を終えて出発を待つ一畑電車1000系。
写真提供：東急テクノシステム

あるという。

改造工事中の1000系の脇に設けてある階段を上って屋根を見ると、制御電動車となる電車には真新しいシングルアーム式のパンタグラフが2基装着されていた。1基は従来のパンタグラフ台を活用したもので、従来の菱形のパンタグラフから載せ替えられている。もう1基は降雪時や架線に霜が付着した際に架線からパンタグラフが離れやすくなるとして、その対策にと追加されたものだ。

今回譲渡される1000系が改造に要する期間はおよそ半年。2018年秋には新たな任地へと旅立つ。改造が終わったからといって東急テクノシステムの業務は終わりではない。譲渡先で1000系が何事もなく営業に用いられるための配慮も行っている。たとえば、図面を鉄道会社に渡すのもその一つ。ガラスが割れたときも、図面さえあれば1000系を譲り受けた鉄道会社が直接メーカーに注文すればよいからだ。気になるのは電気関連の部品で、東急テクノシステムも可能な限り手配するそうだが、価格面での折り合いがつかず、常に引き合いがあるとは限らないらしい。ともあれ、各地に点在する元東急電鉄の電車は大きなトラブルもなく活躍している。

電車を譲渡することで得られるメリットとは

自社で使用しなくなった電車を他の鉄道会社に譲渡することは東急電鉄にとってさまざまなメリットをもたらす。先に述べた会計上のメリットはその一つ。そのほかに、自社の電車が全国各地、ひいては世界で活躍することで、東急グループ全体の成長にも結び付くのではないかという点も考えられる。

東急電鉄の2018年3月期の連結決算書によると、2017年度の東急グループの営業収益は1兆1174億円余りで、うち鉄道事業や軌道経営などの交通事業は2056億円であった。東急グループで最大の営業収益を計上しているのは生活サービス事業で、その金額は実に６７６４億円であった。生活サービス事業とは、百貨店事業、チェーンストア事業、ショッピングセンター事業、ケーブルテレビ事業、広告事業、映像事業から成るという。いまや東急グループの主力事業をさらに成長させるには、同社の鉄道や軌道の沿線だけで展開していてはいずれ頭打ちとはだれもが考えることだ。とはいえ、競争の激しい事業でもありそうで、新たな市場の獲得もいうほど容易ではないであろう。

そのようなときに頼りになるのは、各地で第二の人生を送る電車だ。電車を譲り受けた鉄道会社がよほど隠さない限り、元東急電鉄という素性は一般の利用者にもわかる。たとえば伊賀鉄道は東急電鉄から譲渡された２００系（元１０００系）の一部の塗装を一面の広告から東急電鉄時代のものへと戻して話題となった。報道では広告主との契約が満了し、次の広告主が見つかるまでの措置で、たまたま東急電鉄時代の姿となったという。とはいえ、このようないでたちを鉄道趣味誌はいっせいに伝え、伊賀鉄道を訪れる鉄道愛好家も増えたらしい。何よりも伊賀鉄道の沿線の人たちの意識が変わり、東急電鉄の沿線の人たちのようになれば、生活サービス産業の拡張を目指す東急グループにとってまたとない機会ではある。もしやと思って東急電鉄に聞いてみたが、少々ひねくれた見方であったようだ。

豊橋鉄道1800系。元東急電鉄7200系だ

最後にもう一つ、東急電鉄にとっては自社の技術を次世代に継承するという面からも車両の譲渡は意義があるという。東急電鉄の担当者が挙げた例はツーハンドル式の電車だ。

先ほどワンハンドル式の主幹制御器について述べたとおり、東急電鉄にはすでに主幹制御器ハンドルとブレーキハンドルとが別々のいわゆるツーハンドル方式の電車は在籍していない。しかし、かつては東急電鉄でも採用されており、弘南鉄道のデハ７０００形であるとか豊橋鉄道の１８００系といった電車、東急時代には旧７０００系、７２００系として活躍していた電車はツーハンドル方式であった。

ツーハンドル方式の電車だからといって一概にはいえないものの、旧７０００系や７２００

系のように１９６０年代に製造された電車の場合、ブレーキハンドルの部分は空気ブレーキ装置を動かすための圧縮空気が供給された弁となっていた。つまりはブレーキを作動させるための指令は電気信号ではなく、圧縮空気の圧力を調節して行っていたのだ。このような方式は日常的な電車の保守に手間がかかるし、運転操作もやや難しい。しかし、空気ブレーキ装置を学ぶにはよい教材ではある。

もはや自社には存在しないツーハンドル式の電車の仕組みを社員に教えるため、東急電鉄ではかつて電車を譲渡した先に依頼して、研修を実施した。とても有意義な機会であったと同時に、意外な発見も得られたという。それは、譲渡された元東急電鉄の電車がとてもよいコンディションを保っており、また車体も美しく磨き上げられていたこと。訪れた東急電鉄の関係者は皆感激したそうだ。

とかく車両の譲渡というと、マイナスのイメージも完全にはぬぐい去れない。しかし、東急電鉄から譲渡された電車については、新製された車両ではなかったものの、新車には間違いないという、ごく当たり前で利用者にとっては大切な点が常に意識されているように感じられた。

第4章

波瀾万丈な車両列伝

日本で初めて譲渡された車両はどれか

日本で初の鉄道は、新橋（後の汐留）～横浜（現在の桜木町）間に蒸気機関車10両、客車58両という体制で1872年10月14日、旧暦明治5年9月12日に正式に開業した。国有鉄道で最初に営業を行ったこれら68両のその後を探れば、なかには1両くらい国有鉄道から今日の民鉄の前身である私設鉄道へと譲渡されていった車両も見つかるであろう。時期にもよるが、日本初の譲渡車両となった可能性も高い。

蒸気機関車10両の消息は比較的はっきりとしている。開業当時に1号機から10号機までと名付けられた蒸気機関車の消息を順に追ってみよう。

1号機は1911（明治44）年4月1日に国有鉄道から島原鉄道へと譲渡され、1930（昭和5）年6月に再び国有鉄道に帰ってきた。国有鉄道に戻された理由は営業運転のためではなく、保存のためであり、整備後、1936（昭和11）年4月から鉄道博物館で展示されている。東京・神田須田町にあった鉄道博物館は最終的には交通博物館と名を変えた後、いまでは埼玉県さいたま市に移転して名称も鉄道博物館へと戻された。1号機はいまも新生、鉄道博物館で展示中だ。

2号機は1883（明治16）年1月に日本鉄道に貸し出され、同年7月28日に開業した上野～高崎間で使用された。日本鉄道とは日本初の私設鉄道であり、現在のＪＲ東日本東北線、高崎線、常磐線などの路線を敷設した鉄道会社である。ただし、半官半民の鉄道会社である点は注意が必要だ。

いずれにせよ、２号機は１８８６（明治19）年には国有鉄道に戻されており、１号機と同様に１９１１年４月に島原鉄道に譲渡という経歴をたどる。なお、１号機とは異なり、２号機は島原鉄道から動くことなく、１９５５（昭和30）年３月31日に廃車となってその後は解体された。

交通博物館に展示されていた当時の1号機

３号機は１９１４（大正３）年４月25日に国有鉄道での使用を終え、島原鉄道へと移動している。その後、1927(昭和2)年2月に東肥《とうひ》鉄道という熊本県内に敷かれた現存しない鉄道会社に譲渡された。以降の消息は不明で、東肥鉄道改め九州肥《ひ》筑《ちく》鉄道が廃止となった1938(昭和13)年12月16日に一緒に廃車となって解体されたらしい。

4号機も3号機と似た経過をたどる。島原鉄道に譲渡後の1927年3月に温泉鉄道なる長崎県にかつて敷かれた現存しない鉄道会社に譲渡された。1937(昭和12)年3月31日に廃車となって解体されている。

5号機は3、4号機と似たような経歴をたどった。ただし、島原鉄道に譲渡された後は移動していない。2号機と同じく1955年3月31日までと、何と83年も用いられた。

6、7号機は日本鉄道に貸し出されて、国有鉄道に戻されたところまでは2〜5号機と同じ。1901(明治34)年には台湾総督府鉄道部に移動することとなり、神戸港から台湾へと渡った。6号機は航走の途中、船が五島列島で座礁して沈没したため、運命を共にしてしまう。7号機は無事に台湾に到着し、1926(大正15)年の廃車まで活躍した。いまも台北市内に保存されている。

8、9号機はともに国有鉄道で1911(明治44)年11月18日に廃車になった後、尾西《びさい》鉄道という今日の名古屋鉄道尾西線の前身へと譲渡された。両機関車とも1927（昭和2）年中に廃車になり、解体されている。

10号機は1924（大正13）年4月10日に廃車になるまで国有鉄道を走り続けた。その後、国鉄の大宮工場で保存され、1962（昭和37）年10月には青梅鉄道公園に移されている。いまも見ることのできる110形蒸気機関車は、10号機が名を変えた姿だ。

すべてが2軸車であった58両の客車の内訳は、後の1等車となる上等車が10両、後の2等車となる中等車が14両、後の3等車となる下等車が26両、緩急車が8両である。筆者が調べた限りではここまでしか明らかになっていない。国有鉄道から私設鉄道へと譲渡されたかどうかはもとより、いつ廃車となったかすらも不明だ。

当時の客車の車体はすべて木製であった。雨ざらしで使用される車体の寿命がどの程度であったかは不明ながら、大正時代でも木製の車体の耐久性はそう高くはない。15年程度使用されると置き換えられてしまうケースがほとんどだ。しかし、当時であっても金属製の車輪や車軸は車体が寿命を迎えてもまだ使えたから、車体を載せ替えて新たな客車へと生まれ変わる。この過程で58両の消息がわからなくなったと考えてよい。

仮に、日本で初めて譲渡された車両が1872年10月14日の開業に向けて用意された車両のなかから選ばれたのであれば、1911年に島原鉄道へ譲渡された1号機と2号機が該当する。ただし、もしも国有鉄道から台湾総督府鉄道部への移動を譲渡と見なしてよいのであれば、1901年に移動した7号機が日本初の譲渡車両だ。この場合、沈没した6号機を入れてもよいであろう。

国有鉄道が保有した蒸気機関車の履歴については先人たちによる調査が行われている。1872年の鉄道開業のときに在籍していなかった蒸気機関車であっても1911年までに譲渡された例を調べることは案外容易だ。沖田祐作氏の『機関車表国鉄編』(「Rail Magazine」2008年9月号付録、ネコ・パブリッシング)をもとに探してみると、1875(明治8)年に譲渡された事例を発見した。

この蒸気機関車は現在の独立行政法人造幣局である大蔵省造幣寮の1号機で、1873(明治6)年3月13日にイギリスのマニング・ワードルで製造されている。1875年に国有鉄道へと早くも譲渡されて32号機、すぐに24号機へと番号が改められた。

大蔵省造幣寮は1号機をどこで用いるつもりであったのかというつもりはない。明治政府の予算の都合で、本来であれば国有鉄道に必要であった蒸気機関車を大蔵省造幣寮が保有した扱いとしたのであろう。したがって、譲渡といっても書類上のことだけで、蒸気機関車自体はイギリスから荷揚げされたときから国有鉄道に在籍していたに違いない。

国有鉄道で25、27号機として１８７５（明治８）年に製造され、同年に36、40号機と名を改めた蒸気機関車は１８９２（明治25）年４月１日に日本鉄道に譲渡された例があり、調べてみるとこれが一番古い。先述のとおり、日本鉄道とは半官半民とはいえ私設鉄道であるから、日本初の車両の譲渡は国有鉄道の25、27号機という蒸気機関車かもしれない。

ふと手元の『日本国有鉄道百年史１巻』（日本国有鉄道、１９７２年）をめくってみると驚くべき事実が記されていた。同書の１２９ページから１３１ページまで、いまの岩手県釜石市に１８８０（明治13）年２月17日に工部省が開通させた官営鉱山鉄道について記載されている。官営鉱山鉄道とは鉄鉱石の鉱山と製鉄所や港湾との間に鉄鉱石を輸送するための鉄道だ。

残念ながら、この鉱山の開発はなかなかはかどらなかった。しかも、製鉄所の高炉が故障したことも重なり、１８８３（明治16）年６月30日限りで鉱山とともに官営鉱山鉄道も廃止される。

明治初期の社会では、鉄道車両や施設は大変に貴重なものであった。このため、釜石鉱山鉄道の車両も解体されていない。同書には「その車両・軌条（筆者注レール）は阪堺鉄道で使用するために、明治17年3月、藤田伝三郎らに払い下げられた」とある。明治17年とは1884年であり、この時点で開業していた鉄道は国有鉄道と日本鉄道しか存在しない。国有鉄道から日本鉄道への車両の譲渡は先に挙げたとおり1892年が一番古いから、工部省から阪堺鉄道への譲渡こそ日本初のケースだといえる。

阪堺鉄道とは現在の南海電気鉄道の南海本線を敷設した鉄道会社だ。譲り受けた車両やレールを用いてまずは難波と大和川との間の7・3キロメートルに線路を敷設し、1885（明治18）年12月29日の開業にこぎ着けている。ちなみに、大和川駅とは現在の南海本線住ノ江～堺間に設けられた駅だ。大和川の北岸に位置していたが、1888（明治21）年5月15日に大和川～堺間が開通すると、この駅も役割を終えた。

官営鉱山鉄道から譲り受けた車両は2両の蒸気機関車で、「和歌号」「芳野号」と名付けられたそうだ。後に番号が付けられて「和歌号」が14号機、「芳野号」が15号機と命名されている。14号機は1917（大正6）年10月に、いまの西日本鉄道の前身の一つである博多湾鉄道に、15号機は1916（大正5）年6月に北九州地区の私鉄であった鞍手《くらて》軽便鉄道にそれぞれ譲渡された。14号機は1938（昭和13）年まで、15号機は1951（昭和26）年までそれぞれ使用され、解体されたという。

JR東日本からJR貨物に譲渡されたEF510形500番台

大手民鉄どうしの譲渡、譲受

国内で見られる車両の譲渡、譲受とは大多数が大手民鉄、公営鉄道、ＪＲから地方旅客鉄道へという組み合わせとなっている。その他の組み合わせ、たとえばＪＲどうしという例は時折見られ、ＪＲ東日本が製造したＥＦ５１０形５００番台という交直流電気機関車が２０１３（平成25）年から２０１６（平成28）年にかけてＪＲ貨物へ譲渡、譲受されたケースは記憶に新しい。

公営鉄道どうしでは、路面電車であればたとえば東京都交通局から函館市企業局へとか、大阪市交通局から鹿児島市交通局への車両の譲渡、譲受事例を思いつく。しかし、普通鉄道用の車両に関しては皆無といってよい。

東武鉄道7300系

大手民鉄どうしでは太平洋戦争直後の一時期には多数の実例があった。何かというと、戦時中に陸上交通事業調整法によって現在の大手民鉄各社が強制的に合併した状態であったところ、戦後になって分離されたからだ。東京急行電鉄から京王電鉄、小田急電鉄、京浜急行電鉄へ、近畿日本鉄道から南海電気鉄道へ、京阪神急行電鉄（現在の阪急電鉄）から京阪電気鉄道へという具合である。ただし、この種の譲渡、譲受も前項で記した大蔵省造幣寮から国有鉄道へというケースと実情は近い。

太平洋戦争直後に名古屋鉄道から小田急電鉄、東武鉄道への電車の譲渡、譲受が行われている。名古屋鉄道の３７００系という電車で、小田急電鉄には１９４８（昭和23）年に6両が譲渡されて１８００系となり、東武鉄道には１９４９（昭和24）年に14

両が譲渡されて６３００系、後に７３００系となった。

ただし、この譲渡、譲受も注釈を付けなくてはならない。名古屋鉄道の３７００系は元はといえば国有鉄道、その後の国鉄の63系であったからだ。63系とは、戦時中の１９４４（昭和19）年に製造を開始した戦時形の通勤電車を指す。いま見られる車両の長さが20メートルで片側に４カ所の客用扉を備えた構造はこの電車によって確立された。

粗末なつくりでバラック電車といわれたものの、輸送力は大きく、いまの国土交通省の前身の運輸省は63系の製造を大手民鉄向けにも割り当て、車両不足に悩む各社を救済しようとした。名古屋鉄道にも20両が製造されたが、いかんせん63系の寸法は大きく、入線できない路線、区間が続出したため、同社は泣く泣く手放したという次第だ。

純粋な意味で大手民鉄間の車両の譲渡、譲受例は名古屋鉄道へと移動した東京急行電鉄の３７００系がある。３７００系の車両の長さは18メートル級で、片側に３カ所、片引戸の客用扉を備えた通勤電車である。１９４６（昭和21）年に製造され、名古屋鉄道には１９７５（昭和50）年に譲渡された。製造時期からもうかがえるとおり、車体は普通鋼製であり、東急電鉄ならではのステンレス鋼製の電車ではない。

名古屋鉄道は、20両が製造された３７００系のうち、制御電動車のデハ３７０１～

3708の8両と制御車のクハ3751〜3754の4両との計12両を譲り受け、前者はモ3881〜3888、後者はク2801〜2804と番号を改め、3880系と称した。モ3880形2両にク2880形1両を連結した3両編成を組み、4編成が誕生している。

譲受にあたって変更となった点はあまりない。ATS（自動列車停止装置）や先頭車の前面下部に装着されている後部標識灯を名古屋鉄道仕様のものへと交換し、車体の色を東京急行電鉄時代の緑色一色から赤一色へと塗り替えた程度だ。

3880系として登場した1975年といえば、昭和20年代の車両が次々に廃車となっていた時代だ。この年代に製造された車両は概して物不足の影響を受けて構体などの傷みが激しかった。併せて、電車であればつりかけ式支持装置によって装架された主電動機は力行のたびにうなり音を上げ、車内は程度の差こそあれど木製の部分が多く、ほぼ間違いなく冷房装置はない——。いまならばイベント運転で人気を博すかもしれないが、当時はこうした電車に積極的に乗ろうとする人はまずいなかった。

3880系は東京急行電鉄時代の車体を1961（昭和36）年から1964（昭和39）年にかけて載せ替え、車内には木製の部品は姿を消している。とはいえ、つりかけ式支持装置はそのままであったし、冷房装置も相変わらずない。かような状況の3880系をなぜ名古屋鉄道ともあろう鉄道会社が譲り受けたのであろうか。

その理由は急激に増えた通勤輸送に備えるためだ。名古屋鉄道はこのころまで車体の側面片側に2カ所の客用扉をもち、車内には転換腰掛を備えた電車が特急から普通列車に至るまで使用されていた。パノラマカーとして名高い７０００系や７５００系も、別に特殊な運用でも何でもなく、ラッシュ時に普通列車として運転されている。

しかし、１９７０年代に入るとさすがに混雑は激しくなり、収容力に優れた長手腰掛、つまりロングシートを備えた通勤仕様の電車が必要となった。名古屋鉄道も慌てて電車を新製しようとしたが、混雑率の上昇は予想を超えるペースで進んだ。特に犬山線がひどかったという。

結局、名古屋鉄道は電車の新製とともに他の鉄道会社から通勤電車を譲り受けて混雑の解消に努めようとした。さまざまな候補のなかで採用となったのが東急電鉄の３７００系だ。

もともと３７００系は運輸省規格形車両といって、正確には運輸省が１９４７（昭和22）年に策定した私鉄郊外電車設計要項に基づいて製造されている。当時は人材も資材も不足していた。こうしたなかで戦後の復興に向けて大量の車両を製造するには、鉄道会社各社で独自の設計の車両を製造していては効率が悪い。そこで、運輸省は車体の寸法はもちろん、使用する材料や主要機器、台車などの仕様を事細かに定め、この規格に則った車両の製造だけを認めることで、車両の製造を早めようとした。

運輸省規格形車両は大手民鉄では東京急行電鉄3700系のほか、東武鉄道5300系、京成電鉄600形、近畿日本鉄道600形、京阪電気鉄道1300形、西日本鉄道303系などが挙げられる。そして、名古屋鉄道にも運輸省規格形車両は導入されており、3800系が1948（昭和23）年から走っていた。3800系は、車体側面に片側2カ所の片引戸の客用扉を備え、車内は大多数が転換腰掛と少々仕様が異なる。だが、主要な部分はさすがに運輸省規格形車両であるだけに共通点が多く、導入に問題はないと判断された。

3880系は3両編成を組み、犬山線の普通列車を中心に走り始める。混雑の緩和に効果があり、1980（昭和55）年になって東京急行電鉄に残る8両もすべて名古屋鉄道へと譲渡されることとなった。その8両とは、デハ3709～3715の7両とクハ3755の1両とである。名古屋鉄道はこのとき譲り受けた8両で3両編成を組みたいと考えていたので、1両足りない。そこで、東京急行電鉄は1947年に戦災復旧という名目で製造したクハ３６６１も名古屋鉄道に譲り渡した。

新しい番号はデハ３７０９～３７１２がモ３８８９～３８９２、デハ３７１４がモ３８９４、デハ３７１５がモ３８９３、デハ３７１３がク２８８６、クハ３６６１がク２８８７だ。これらは3両編成3編成に整えられた。

３８８０系は21両が出そろった翌年の１９８１（昭和56）年には、１９７５年に譲り受けた車両の一部が早くも廃車となる。その後、１９７５年譲受組は１９８３年にすべて営業から退き、１９８０年に譲渡された9両も１９８６年には皆引退してしまった。使用期間が短い点は気になるものの、当初の目的からして長く活躍するとは考えられなかったのであるからこれでよいのであろう。

大手民鉄どうしの電車の譲渡、譲受がいかに珍しかったかは、当時の鉄道趣味の世界での取り上げ方を見るとよくわかる。さまざまな記事が記されたなか、大変興味深いものの一部を引用させていただこう。その記事は『鉄道ファン』１９７６年１月号（交友社）の１１９ページに掲載されていた吉村忠晃氏による「豊橋から東京の皆さんへ〈名鉄モ３８８０からの便り〉」だ。題名からも想像できるとおり、この記事は３８８０系が手紙をしたためたと仮定した形態を採っている。以下に特に興味深い個所を引用させていただこう。

「新しい御主人『名鉄』さんは鳴海《なるみ》工場に我々（筆者注、クハ３７５４、デハ３７０８、デハ３７０７、クハ３７５２、デハ３７０４、デハ３７０３の6両）を案内し、着物を『東急』の緑から『名鉄』流の赤に着かえさせ、アクセサー（原文のとおり。「アクセサリー」の誤りと思われる）もいろいろとりかえて東急時代と同じＭＭＴの３連で仕事を与えてくれましたが、出足は速くても最高時速85キロがやっとなので各停ぐらしの毎日です。なにせ名鉄は各停とはいえども駅間が長く目蒲線（筆者注、現在の目黒線と東急多摩川線）とは大違いなので、名鉄の運転さん（筆者注、原文のとおり。「運転士さん」の誤りと思われる）は私の脚力にご不満の様子です。豊橋まで全力で走って来て折り返えし時間に東京の空の方をながめることもしばしばですがけっこう楽しくやっていますからご安心下さい。」

率直にいって３８８０系については筆者があれこれ記すよりも、吉村氏が手紙という形式でしたためたこの記事のほうがはるかによく実際の姿を伝えている。３８８０系が姿を消して早30年以上が経過した。名古屋鉄道もすっかり様変わりし、ラッシュ時の輸送力も自社で新製した電車で十分にまかなえる。３８８０系を送り出した東京急行電鉄の姿も大きく変わった。次に大手民鉄どうしで車両の譲渡、譲受が発生するとき、電車はどのような「手紙」をしたためるのであろうか。

京阪電気鉄道から国鉄へ「車両」を貸し出し

本書がテーマとしているのは鉄道会社どうしでの車両の譲渡、譲受であり、一時的な使用を目的とした貸し出しについては対象としていない。もう一つ、本項の見出しで「車両」とかっこ書きとしたように、本書で取り上げた車両とは普通鉄道の車両であり、路面電車の電車は省いた。鋼索鉄道やモノレール、新交通システム、トロリーバスの車両はどうかといわれると、そもそも実施例自体が皆無に近いのでこちらも取り上げていない。さらに、車両として扱われない保守用の機械なども当然のことながら扱わなかった。

しかし、本項ではその決まりを破り、車両ではない保守用の機械の貸し出しについて取り上げたい。なぜかというと、その理由も本項の見出しから読み取っていただきたい。京阪電気鉄道から国鉄へという意外性からだ。

詳細を記す前にこの貸し出しがいつ行われたかというと昭和40年代の後半、つまり1970（昭和45）年から1975（昭和50）年ごろまでである。時期がはっきりしないのは国鉄やJRの資料にははっきりと記されていないからだ。

貸し出された保守用の機械はバラスト作業車という。バラスト更換《こうかん》といって、道床に用いられている砂利や砕石を取り換える作業に用いる。1両だけで構成されるのではなく、古いバラストをベルトコンベアでホッパ車に積み込み、新しいバラストをホッパ車から降ろして、つき固めるという一連の作業に必要な機械群で成り立つ。

それはそうと、鉄道に詳しい方ならば京阪電気鉄道から国鉄への貸し出しと聞いて不思議に思ったかもしれない。軌間が異なるからだ。京阪電気鉄道は1・435メートル、国鉄の在来線は1・067メートルだからである。かといってバラスト作業車の走行装置を改造して1・067メートルに改めたという記載はない。

実は1970年前半には京阪電気鉄道の機械がそのまま走行できる国鉄の路線が2つだけ存在した。東海道新幹線と山陽新幹線である。そして京阪電気鉄道から貸し出されたバラスト作業車はまさに東海道新幹線を走ったのだ。

東海道新幹線が1964（昭和39）年10月1日に開業してみると、予想以上に軌道の保守に要する手間がかかることが判明した。特に噴泥《ふんでい》といって路盤や道床内の石粉、土砂などが水と混じって道床表面に吹き出る現象が多発し、関係者を悩ませる。噴泥の原因は、路盤の排水が悪いうえに荷重の大きな列車が繰り返し通ったことにより、道床に空洞が生じたためだ。

噴泥を防止するにはバラストを更換するほかない。開業当時の東海道新幹線ではこの作業を人力で行っており、50人ほどの作業員が一晩に施工できる距離はわずか25メートルにすぎなかった。これではあまりにも効率が悪いと、国鉄は１９６８（昭和43）年にオーストリアのプラッサーからＲＭ‐62というバラストクリーナーを輸入し、翌１９６９（昭和44）年５月から使用を開始する。ところが、ＲＭ‐62は騒音が大きく全線で用いることは難しい。

国鉄は京阪電気鉄道が軌道の保守に使用していたバラスト作業車に注目し、借り入れることとした。バラスト作業車は鳥飼車両基地といって大阪府摂津市にある東海道新幹線の車両基地内で試験的に施工を行い、新幹線の軌道で使用可能であると判断した。国鉄は１９７９（昭和54）年にバラスト作業車を10台導入し、山陽新幹線を含めた各地の保線所に配備した。

実をいうと、京阪電気鉄道のバラスト作業車がどこでつくられたものかはよくわからない。国鉄のバラスト作業車は国産であったので、恐らくは国産であったと考えられる。

さて、民鉄から新幹線向けへの保守機械の貸し出しは、実は国鉄の分割民営化後にも行われた。近年では２０１１（平成23）年3月11日に発生した東日本大震災で被災した東北新幹線の復旧のために、京浜急行電鉄、西日本鉄道両社が保有する軌道検測車などがＪＲ東日本へと貸与され東北新幹線の復旧に用いられている。京浜急行電鉄は全線、西日本鉄道は貝塚線を除く各線の軌間が１・４３５メートルであることから実現した。とはいえ、このような貸し出しが起きる機会はできればないほうがよいことはいうまでもない。

東京地下鉄０１系～熊本電気鉄道で世界最先端の電車に

話を再び近現代に戻して、特殊な改造が施された車両や、特異な「第二の人生」を送った車両の例を紹介しよう。

まずは東京地下鉄の電車の話から。同社の電車は、銚子電気鉄道、長野電鉄、熊本電気鉄道に譲渡され、それぞれ１０００形、３５００系・３６００系、０１形となっている（**第５章の譲渡車両一覧表参照**。１０００形は引退）。特筆すべきは銚子電気鉄道の１０００形に熊本電気鉄道の０１形（**巻頭の口絵参照**）だ。どちらも元は3号線銀座線（以下銀座線）で使用されていた電車である。というのも、銀座線は電車への電力の供給を一般的に見られる架線ではなく、第三軌条と呼ばれる導電レールを用いて行っているからだ。

もちろん、電車を譲り受けた銚子電気鉄道、熊本電気鉄道とも、電力は架線を通じて電車へと送られている。このため、通常の電車の譲渡、譲受とは異なり、少々改造工事は複雑だ。簡単にいうと、まずは導電レールから電力を取り入れる集電くつを台車から取り外し、併せて床下機器に結ばれていた電線も外してしまう。そして、屋根上に新たにパンタグラフと呼ばれる集電装置を載せ、ここから床下の機器まで電線を引き通す。この手間が新たに加わるのだ。

さらにいうと、銚子電気鉄道、熊本電気鉄道とも軌間は１・０６７メートルで、銀座線の１・４３５メートルとは異なる。したがって、台車はほかから探してくるか、新製するほかない。これだけの手間と費用とを要してでも銀座線の電車を導入したのは、それだけ魅力があるからだ。車両の長さは16メートル、幅は２・５５メートルと小ぶりで、急カーブの多い路線に向いている。全国的に見てもこの寸法の大手民鉄、公営鉄道、ＪＲ旅客会社の電車は珍しく、銀座線用のほかは名古屋市交通局の１号線東山線用または２号線名城線及び名港線用、４号線名城線用の電車しかない。

銀座線を走っていた電車のうち、どちらがよいとか悪いとかではなく、より多数の改造工事が施された電車は２０１５（平成27）年から翌２０１６年にかけて２両編成２編成の

4両が登場した熊本電気鉄道の01形だ。

東京地下鉄や熊本電気鉄道の資料によると、台車は東京地下鉄の6000系や7000系が装着していた軌間1・067メートルのものに交換し、機器類も6000系や7000系のものを搭載したという。ところが、実際には台車は新製され、川崎重工業のefWING台車を装着している。

efWING台車とは台車枠を構成する左右の梁である側ばりが従来の金属製から炭素繊維強化プラスチック製となった台車だ。炭素繊維強化プラスチックは強度と弾力性とを兼ね備えており、側ばりと各車輪との間に置かれていた軸ばねを置き換えることに成功した。一般的には台車枠の質量は6トン前後であり、efWING台車では0・45トン程度の軽量化が成し遂げられたという。

炭素繊維強化プラスチック製はefWING台車が世界初であり、軸ばねの機能を側ばりの弾力性で兼ねるというのもやはり初めての試みだ。急カーブを曲がるときにも左右の車輪の重量バランスが崩れにくいという特質をもっており、軽いだけでなく走行性能にも優れたefWING台車が、今後トラブルもなく01形を支えてほしいものだ。

01形の主電動機を制御する方式は、東京地下鉄で使用されていたときの電機子チョッパ制御からVVVFインバータ制御へと変更された。VVVFインバータ制御装置や誘導主電動機といった機器類は6000系や7000系に取り付けられていたものらしいが、01-135と01-136と2両の制御電動車へと改造されたうち、どちらが6000系、7000系の機器を搭載したのかはわからない。

屋根上の集電装置は制御電動車に搭載された。こちらは東洋電機製造で新製されたシングルアーム式のパンタグラフを2基搭載している。

熊本電気鉄道は東京地下鉄からさらに電車を譲り受ける話がまとまったが、その電車とは01系ではない。2号線日比谷線を走っていた03系で、こちらは第三軌条ではなく架線から電力を取り入れる電車だ。ということで、01形は早くも「前モデル」となってしまう。電車の譲渡、譲受の世界ではこの程度のことを気にする必要はないが……。

京阪電気鉄道3000系〜富山地方鉄道で帝都高速度交通営団3000系とJR西日本485系との走行装置を組み合わせて使用

京阪電気鉄道で特急として使用されていた3000系は、1990（平成2）年から1993（平成5）年にかけてと2013（平成25）年とに合わせて17両が富山地方鉄道

富山地方鉄道10030形「ダブルデッカーエキスプレス」

に譲渡、譲受されて10030形となった。17両の内訳は、2両編成7編成14両に3両編成1編成3両で、2両編成は制御電動車2両、3両編成は制御電動車2両と中間に付随車1両という組み合わせだ。なお、付随車は2階建て車両で、「ダブルデッカーエキスプレス」と名付けられて観光列車の特急に用いられている。

軌間は京阪電気鉄道が1・435メートル、富山地方鉄道が1・067メートルということで、3000系の譲渡、譲受に際しては台車をそのまま使用することはできなかった。という次第で現在の東京地下鉄である帝都高速度交通営団（営団地下鉄）3000系の台車が流用される手はずとなり、主電動機ごと載せ替えられている。主電動機の1時間定格出力は京阪電気鉄道3000系が

175kW、営団3000系が75kWと2倍以上も違う。走行性能が極端に落ちるのではないかと気になるが、富山地方鉄道では電動車の比率が高い編成を組むのでそう問題はないと考えられたのであろう。

と思っていたらやはり出力は不足していたらしく、10030形の一部は1996（平成8）年から1999（平成11）年にかけてと2012（平成24）年とに主電動機とともに台車も一緒に取り換えられている。1990年代に改造された4編成8両はJR西日本の485系特急形交直流電車が装着していた主電動機が用いられることとなり、出力は120kWへと向上した。2012年に改造の2編成4両は419系近郊形交直流電車が使用していたもので、出力はやはり120kWだ。残る2編成4両は出力75kWの主電動機をそのまま使用しているが、JR西日本などから譲り受けられる状況となればいずれ交換されるに違いない。

小田急電鉄3000形（初代）～大井川鐵道で動態保存のはずが……

小田急電鉄3000形のうち、1957（昭和32）年に登場したいわゆる初代の車両は特急ロマンスカーとして使用することだけを考えて製造された電車である。この電車だけで何冊もの書籍が生まれているほど、後の車両にもたらした影響は大きかった。車体のデザインは大変先進的で2020年の新車といわれても全く驚かない。

3000形は第3章で紹介した小田急電鉄10000形の祖先にあたり、やはり3000形も連接車だ。当初は全車両が制御電動車または電動車となる8両編成4編成の計32両が製造され、新宿〜箱根湯本間の特急ロマンスカーを中心に活躍した。

1968(昭和43)年を迎え、3000形には転機が訪れる。御殿場線に乗り入れる「あさぎり」に転用されることとなり、8両編成から5両編成へと縮められたのだ。5両編成は6編成誕生し、余剰となった2両は廃車となる。先頭車の制御電動車は2編成分4両不足するので、中間の電動車から4両が制御電動車に改造された。

さすがの3000形も1980年代に入ると老朽化が目立ち、引退がささやかれる。そのようななか、3000形のうち、新宿方からデハ3001-デハ3002-サハ3003-デハ3004-デハ3005の5両編成1編成が1983(昭和58)年3月に廃車となり、大井川鐵道に譲渡された。蒸気機関車牽引の観光列車で知られる大井川鐵道は、3000形を同じように観光列車として運転することを考えていたという。デハ3001という番号から、将来は小田急電鉄の手で保存されることがほぼ確実な電車の最

特急「あさぎり」で活躍していた当時の小田急電鉄3000形

初の番号を惜しげもなく譲渡していることに気づく。当時の小田急電鉄の関係者によると、やはり３００１号という車両を譲り渡すことに抵抗はあったという。それでも、大井川鐵道が３０００形を大切に扱うといったので、小田急電鉄としても譲渡を決断したそうだ。

大井川鐵道でも番号を変えずにそのまま5両編成を組んだ３０００形は残念ながら過酷な運命をたどった。１９８３年４月から急行として営業運転に就いたものの、蒸気機関車牽引の列車ほどは人気を集めず、営業上では苦戦してしまう。結局、１９８７（昭和62）年には運用から外れて休車となり、車庫に留置される。３０００形は再起を図ることができずに１９９２（平成４）年３月には廃車となり、翌１９９３（平成５）年に解体されてしまった。

３０００形を廃車にしたときになぜ保存を検討しなかったのかと疑問を呈する方は多いかもしれない。だが、もともと老朽化が進んでいた３０００形は5年近くもの間雨ざらしにされていた結果、保存できないほどの車体は傷んでおり、解体以外の選択肢はなかったそうだ。

老朽化による車体の損傷が余りにひどかった車両として知られるのは国鉄の１５７系特急形直流電車だ。側面の窓が下降式であったにもかかわらず、車体の腰板部分を腐食に強い構造としなかったために錆がひどく、なかには塗装がはがれたまま営業に就いていた車両もあった。車体を軽くするために外板の板厚を薄くしたりといった構造も腐食の進行に拍車を掛けたのかもしれない。そのような意味でいえば、軽量化車体の元祖ともいえる３０００形を長年にわたって雨ざらしにしていて無事なはずがない。

３０００形での一件以降、小田急電鉄と大井川鐵道との関係はお世辞にもよいとはいえない。現在の担当者は別として、１９９０年代の小田急電鉄には３０００形がひどい目に遭わされたと考える人がいたことは事実だ。その後、小田急電鉄から大井川鐵道への車両の譲渡、譲受は行われていない。単なる需給の関係かもしれないが、事実である。

第5章

「第二の人生」を送る電車たちのいま

「第二の人生」を送る電車は現在916両

ＪＲ旅客会社、大手民鉄、公営鉄道などの鉄道会社から地方旅客鉄道へと現在、何両の電車が譲渡されているのか。『私鉄車両編成表２０１８』のデータを基に２０１８年４月１日現在で路面電車を除く電車の状況をまとめた。

本章の末尾に掲載した「譲渡車両一覧表」は、譲渡した鉄道会社の視点から見ている。合わせて９１６両の電車が譲渡されており、内訳はＪＲ旅客会社からが１９６両、大手民鉄からが６５８両、公営鉄道からが48両、地方旅客鉄道でもある第三セクター鉄道からが14両だ。最も多くの電車を譲渡した鉄道会社は東京急行電鉄で２２０両、次いで京王電鉄の１２４両とＪＲ東日本の１２４両が続く。譲渡された電車が１００両以上に上る鉄道会社はこの3社で、西武鉄道が97両と１００両に迫る。

なお、ＪＲ旅客会社のうち、ＪＲ北海道、ＪＲ四国、ＪＲ九州の3社、それから大手民鉄のうち東武鉄道、京成電鉄、名古屋鉄道、阪神電気鉄道、西日本鉄道の5社、路面電車を除く公営鉄道のうち、札幌市、仙台市、横浜市、京都市、大阪市、神戸市、福岡市の各交通局から譲渡された電車は存在しない。ただし、名古屋鉄道は福井鉄道に路面電車を譲渡しており、７７０形8両、８００形2両、８８０形10両の合わせて20両が福井鉄道でも

元東急電鉄8590系の富山地方鉄道17480形

元JR西日本521系のＩＲいしかわ鉄道521系

形式を変えずに用いられている。

譲渡車両一覧表の譲渡先のうち、鉄道会社の経営分離に伴って車両が移動したケースもあり、厳密にいうと本書で取り上げる譲渡、譲受とはならないかもしれない。ＪＲ東日本から譲渡された分は青い森鉄道の７０１系16両、ＩＧＲ岩手銀河鉄道のＩＧＲ７０００系8両、しなの鉄道の１１５系59両、えちごトキめき鉄道のＥＴ１２７系20両の計１０３両、ＪＲ西日本から譲渡された分は、あいの風とやま鉄道の５２１系32両、同じく４１３系15両、ＩＲいしかわ鉄道の５２１系10両の計57両、近畿日本鉄道から譲渡された分は、四日市あすなろう鉄道のモ２６０形・ク１６０形９両、養老鉄道の６００系10両、同じく６１０系９両、同じく６２０系12両の計40両、南海電気鉄道から譲渡された分は和歌山電鐵の２２７０系12両で、これら合わせて２１２両が該当する。

同じ鉄道会社へと譲渡、譲受された同一の系列・形式の電車のなかで最も両数が多いのは、ＪＲ東日本からしなの鉄道へと譲渡、譲受された１１５系の59両だ。ただし、しなの鉄道はＪＲ東日本から経営分離されて発足した鉄道会社であるので、純粋な意味での譲渡、譲受例から探すと東京急行電鉄の８０００系が最も多い。伊豆急行へ45両が譲渡、譲受されている。

元近畿日本鉄道モ260形・ク160形の四日市あすなろう鉄道新260系
(中間車は新製車)

元南海電気鉄道21000系の大井川鐵道モハ21000形

反対に最も両数が少ない電車は近畿日本鉄道のモ５２６１形だ。高松琴平電気鉄道の20形として１９６１（昭和36）年に21～24の４両が譲渡、譲受されたものの、現存するのは23の１両だけで、いまはレトロ電車として営業に用いられている。

系列・形式を問わず鉄道会社どうしで譲渡、譲受された電車の両数が最も多い組み合わせは、阪急電鉄から能勢電鉄への64両だ。能勢電鉄の発行済み株式の98・５１パーセントは阪急電鉄が所有しているという具合に、両社の間には強固な関係が築かれているので、最も多い組み合わせにも納得がいく。

譲渡された電車の最多は京王電鉄の３０００系

地方旅客鉄道各社に譲渡された電車のなかで最も多い系列、形式が何であるか気になるであろう。こちらは**表６**にまとめた。

最も多い系列、形式はＪＲ東日本の１１５系か、または東京急行電鉄の８０００系かと思いきや、実は京王電鉄の３０００系が71両で首位となった。井の頭線で用いられていた３０００系は18メートル級の長さで車体側面に片側３カ所の片引戸または両引戸を備える電車だ。軌間も１・０６７メートルであり、譲受した鉄道会社にとっては使いやすく、し

表6 譲渡車両の系列・形式別両数

JR旅客会社

譲渡した鉄道会社	系列、形式	両数
JR東日本	115系	59
	205系	15
	253系	6
	701系	24
	E127系	20
計		124
JR東海	119系	12
	371系	3
計		15
JR西日本	413系	15
	521系	42
計		57

大手民鉄

譲渡した鉄道会社	系列、形式	両数
東京急行電鉄	1000系	36
	6000系	2
	7000系	46
	7200系	34
	8000系	45
	8090系	29
	8500系	24
	8590系	4
計		220
京王電鉄	2010系	4
	3000系	71
	5000系	33
	5100系	16
計		124
西武鉄道	101系	42
	401系	34
	5000系	5
	701系	14
	801系	2
計		97
京浜急行電鉄	600形	4
	700形	22
	1000形	18
計		44
小田急電鉄	10000形	8
	20000形	3
計		11
東京地下鉄	01系	4
	2000形	1
	3000系	13
計		18
近畿日本鉄道	モ260形・ク160形	9
	600系	10
	610系	9
	620系	12
	モ5261形	1
	16000系	4
計		45
南海電気鉄道	21000系	4
	22000系	14
計		18
京阪電気鉄道	3000系	17
計		17
阪急電鉄	2000系	24
	3100系	4
	5100系	24
	6000系	8
	6000・7000系	4
計		64

公営鉄道

譲渡した鉄道会社	系列、形式	両数
東京都交通局	6000系	19
計		19
名古屋市交通局	250形・300形ほか	24
	300形・1200形	4
	1000形	1
計		29

地方旅客鉄道（第三セクター鉄道）

譲渡した鉄道会社	系列、形式	両数
愛知環状鉄道	100形	2
	100形・300形	12
計		14

JR旅客会社計	196
大手民鉄計	658
公営鉄道計	48
地方旅客鉄道計	14
合計	916

元京王電鉄3000系の上毛電気鉄道クハ720形・デハ710形

かも譲渡、譲受にあたっての改造工事も少なく済むので人気の車種となったのであろう。

次点はＪＲ東日本の１１５系の59両だが、これを参考記録ととらえるのであれば、厳密な意味での２位は東京急行電鉄の７０００系の46両である。３位は東京急行電鉄の８０００系の45両、４位は西武鉄道の１０１系の42両、５位は東京急行電鉄の１０００系の36両と続く。

なお、京王電鉄の５０００系と５１００系とは系列が分かれてはいるものの、実質的には同じと考えられるので、５０００系33両に５１００系16両を加えると、５０００系、５１００系は合計49両となる。

譲渡、譲受された電車が最も多く走っている地方旅客鉄道がどの鉄道会社かも気になるであ

元西武鉄道101系の秩父鉄道6000系は2扉に改造されて急行「秩父路号」に使用されている

元東急電鉄7200系の大井川鐵道7200系は十和田観光電鉄から再譲渡された車両

表7　譲受車両一覧

譲受した鉄道会社	系列、形式	両数	譲渡前の鉄道会社
長野電鉄	1000系	8	小田急電鉄
	2100系	6	JR東日本
	3500系	10	東京地下鉄
	3600系	3	東京地下鉄
	8500系	18	東京急行電鉄
計		45	
北陸鉄道	7000系	2	東京急行電鉄
	7100系	4	東京急行電鉄
	7200系	4	東京急行電鉄
	7700系	2	京王電鉄
	8800系	4	京王電鉄
	8900系	6	京王電鉄
計		22	
富山地方鉄道	10030形	17	京阪電気鉄道
	16010形	5	西武鉄道
	17480形	4	東京急行電鉄
計		26	
秩父鉄道	5000系	9	東京都交通局
	6000系	9	西武鉄道
	7000系	6	東京急行電鉄
	7500系	21	東京急行電鉄
	7800系	8	東京急行電鉄
計		53	
銚子電気鉄道	1000形	1	東京地下鉄
	2000系	4	京王電鉄
	3000系	2	京王電鉄
計		7	
富士急行	1000系	8	京王電鉄
	6000系	9	JR東日本
	(6500系列)	6	JR東日本
	8000系	3	小田急電鉄
	8500系	3	JR東海
計		29	
大井川鐵道	7200系	2	東京急行電鉄
	16000系	4	近畿日本鉄道
	モハ21000形	4	南海電気鉄道
計		10	

えちぜん鉄道	6001形	2	愛知環状鉄道
	6100形	12	愛知環状鉄道
	7001形	12	JR東海
計		26	
一畑電車	1000系	6	東京急行電鉄
	2100系	6	京王電鉄
	5000系	4	京王電鉄
計		16	
高松琴平電気鉄道	600形	20	名古屋市交通局
	700形	4	名古屋市交通局
	800形	4	名古屋市交通局
	1070形	4	京浜急行電鉄
	1080形	10	京浜急行電鉄
	1100形	8	京王電鉄
	1200形	14	京浜急行電鉄
	1200形・1250形	8	京浜急行電鉄
	1300形	8	京浜急行電鉄
	20形	1	近畿日本鉄道
計		81	
熊本電気鉄道	01形	4	東京地下鉄
	200A形	2	南海電気鉄道
	6000A形	10	東京都交通局
計		16	

ろう。**表7**は、表6のうち、複数の鉄道会社から電車を譲渡、譲受された地方旅客鉄道の電車についてまとめたものだ。

地方旅客鉄道のなかで譲渡された電車が最も多く走っているところは高松琴平電気鉄道である。名古屋市交通局、京浜急行電鉄、京王電鉄、近畿日本鉄道と4社の電車、合わせて81両だ。続いては能勢電鉄の64両、3位はしなの鉄道の59両、4位は秩父鉄道の53両。秩父鉄道には東京都交通局、西武鉄道、東京急行電鉄の電車が走っている。

元名古屋市交通局300形・1200形の高松琴平電気鉄道700形

元京浜急行電鉄デハ700形の高松琴平電気鉄道1200形

元京王電鉄5000系の高松琴平電気鉄道1100形

なお、最も多数の鉄道会社から電車が譲渡、譲受された地方旅客鉄道は先ほど挙げた高松琴平電気鉄道の4社だ。同数で長野電鉄が小田急電鉄、JR東日本、東京地下鉄、東京急行電鉄から、富士急行が京王電鉄、JR東日本、小田急電鉄、JR東海からとともに4社で並んでいる。

今回掲載した3点の表を頼りに、地方旅客鉄道に譲渡、譲受された電車を訪ねてはいかがであろうか。

譲渡先	形式	番号	旧形式	備考
えちごトキめき鉄道	ET127系	**1**-1 **2**-2 **3**-3 **4**-4 **5**-5 **6**-6 **7**-7 **8**-8 **9**-9 **10**-10	JR東日本E127系	妙高はねうまライン

JR東海

譲渡先	形式	番号	旧形式	備考
富士急行	8500系	**8501-8601**-8551	JR東海371系	富士山ビュー特急
えちぜん鉄道	7001形	**7001**-7002 **7003**-7004 **7005**-7006 **7007**-7008 **7009**-7010 **7011**-7012	JR東海119系	

JR西日本

譲渡先	形式	番号	旧形式	備考
あいの風とやま鉄道	521系	**6**-6 **7**-7 **8**-8 **9**-9 **11**-11 **12**-12 **13**-13 **15**-15 **16**-16 **17**-17 **18**-18 **21**-21 **23**-23 **24**-24 **31**-31 **32**-32	JR西日本521系	
	413系	**1-1**-1 **2-2**-2 **3-3**-3 **7-7**-7 **10-10**-10	JR西日本413系	
IRいしかわ鉄道	521系	**10**-10	JR西日本521系	緑/草系
		14-14		紫/古代紫系
		30-30		群青/藍系
		55-55		黄/黄土（金）系
		56-56		赤/臙脂系

譲渡車両一覧表

JR東日本

譲渡先	形式	番号	旧形式	備考
青い森鉄道	青い森701系	**701-1**-700-1	JR東日本701系	
		701-2-700-2		
		701-3-700-3		
		701-4-700-4		
		701-5-700-5		
		701-6-700-6		
		701-7-700-7		
		701-8-700-8		
IGRいわて 銀河鉄道	IGR7000系	**7001-1**-7000-1	JR東日本701系	
		7001-2-7000-2		
		7001-3-7000-3		
		7001-4-7000-4		
富士急行	6000系	6051-**6101-6001**	JR東日本205系	
		6052-**6102-6002**		
		6053-**6103-6003**		
		6551-**6601-6501**		
		6552-**6602-6502**		
しなの鉄道	115系	**1004-1007**-1004	JR東日本115系	
		1012-1017-1011		
		1013-1018-1012		
		1066-1160-1209		
		1002-1003-1002		
		1018-1023-1017		
		1529-1052-1021		ろくもん
		1527-1048-1223		
		1067-1162-1210		
		1020-1027-1019		
		1036-1047-1037		
		1070-1167-1213		
		1010-1015-1010		
		1015-1020-1014		
		1072-1170-1215		
		1011-1507		
		1528-1508		
		1037-1509		
		1005-1510		
		1075-1511		
		1076-1512		
		1040-1514		
長野電鉄	2100系	**2111-2101**-2151	JR東日本253系	スノーモンキー
		2112-2101-2152		

譲渡先	形式	番号	旧形式	備考
上田電鉄	1000系	**1001**-1101 **1002**-1102 **1003**-1103 **1004**-1104	東急1000系	
	6000系	**6001**-6101	東急1000系	さなだどりーむ号
	7200系	**7255**-7555	東急7200系	2018.5.12で営業運転終了
長野電鉄	8500系	**8511**-8551-**8501** **8512**-8552-**8502** **8513**-8553-**8503** **8514**-8554-**8504** **8515**-8555-**8505** **8516**-8556-**8506**	東急8500系	
大井川鐵道	7200系	**7305-7204**	東急7200系	十和田観光電鉄から再譲渡
豊橋鉄道	1800系	**1801-1811**-2801 **1802-1812**-2802 **1803-1813**-2803 **1804-1854**-2804 **1805-1855**-2805 **1806-1856**-2806 **1807-1857**-2807 **1808-1858**-2808 **1809-1859**-2809 **1810-1860**-2810	東急7200系	ばら はまぼう つつじ ひまわり 菖蒲 しでこぶし 菜の花 椿 桜 菊
富山地方鉄道	17480形	**17481-17482** **17483-17484**	東急8590系	
北陸鉄道	7000系	**7001**-7011	東急7000系	石川線
	7100系	**7101**-7111 **7102**-7112	東急7000系	石川線
	7200系	**7201**-7211 **7202**-7212	東急7000系	石川線
伊賀鉄道	200系	101-**201** 102-**202** 103-**203** 104-**204** 105-**205**	東急1000系	忍者列車（青） 忍者列車（ピンク） 忍者列車（グリーン系）
水間鉄道	1000形	**1001-1002** **1003-1004** **1005-1006** **1007-1008**	東急7000系	帯色赤 帯色青 帯色緑 帯色オレンジ
	7000系	**7003-7103**	東急7000系	営業運転には使用しない
一畑電車	1000系	**1001**-1101 **1002**-1102 **1003**-1103	東急1000系	

東京急行電鉄

譲渡先	形式	番号	旧形式	備考
弘南鉄道	デハ6000形	**6008-6007**	東急6000系	大鰐線
	デハ7000形	**7032-7031** **7034-7033** **7038-7037** **7040-7039**	東急7000系	大鰐線
	デハ7020形・7010形	**7021-7011** **7022-7012** **7023-7013**	東急7000系	弘南線
	デハ7150形・7100形	**7154-7101** **7152-7102** **7153-7103** **7155-7105**	東急7000系	弘南線
福島交通	7000系	**7101-7202** **7105-7206**	東急7000系	
	1000系	**1107**-1208 **1103**-1204 **1109-1313**-1210 **1111-1314**-1212	東急1000系	
秩父鉄道	7000系	**7201**-7101-**7001** **7202**-7102-**7002**	東急8500系	
	7500系	**7501-7601**-7701 **7502-7602**-7702 **7503-7603**-7703 **7504-7604**-7704 **7505-7605**-7705 **7506-7606**-7706 **7507-7607**-7707	東急8090系	
	7800系	**7801**-7901 **7802**-7902 **7803**-7903 **7804**-7904	東急8090系	
伊豆急行	8000系	8011-**8201-8157** 8012-**8202-8151** 8013-**8203-8153** 8014-**8204-8154** 8015-**8205-8155** 8016-**8206-8156** 8017-**8207-8152** 8018-**8208-8158** **8257-8101**-8001 **8251-8102**-8002 **8253-8103**-8003 **8254-8104**-8004 **8255-8105**-8005 **8256-8106**-8006 **8252-8107**-8007	東急8000系	

譲渡先	形式	番号	旧形式	備考
アルピコ交通	3000形	**3001**-3002 **3003**-3004 **3005**-3006 **3007**-3008	京王3000系	
北陸鉄道	7700系	**7701**-7711	京王3000系	石川線
	8800系	**8801-8811** **8802-8812**	京王3000系	浅野川線
	8900系	**8901-8911** **8902-8912** **8903-8913**	京王3000系	浅野川線
一畑電車	2100系	**2101-2111** **2103-2113** **2104-2114**	京王5100系	京王色
	5000系	**5009-5109** **5010-5110**	京王5000系	
高松琴平電気鉄道	1100形	**1101-1102** **1103-1104** **1105-1106** **1107-1108**	京王5000系	琴平線
伊予鉄道	700系	760-**710-720** 764-**714-724** 765-**715-725** 766-**716-726** 767-**717-727** 768-**718** 769-**719**	京王5000系	
	3000系	3501-**3101**-3301 3502-**3102**-3302 3503-**3103**-3303 3504-**3104**-3304 3505-**3105**-3305 3506-**3106**-3306 3507-**3107**-3307 3508-**3108**-3308 3509-**3109**-3309 3510-**3110**-3310	京王3000系	

京浜急行電鉄

譲渡先	形式	番号	旧形式	備考
高松琴平電気鉄道	1070形	**1071-1072**	京急デハ600形	琴平線
		1073-1074		
	1080形	**1081-1082**	京急デハ1000形	琴平線
		1083-1084		
		1085-1086		
		1087-1088		
		1091-1092		
	1200形	**1201-1202**	京急デハ700形	琴平線
		1203-1204		
		1205-1206		
		1207-1208		
		1209-1210		
		1211-1212		
		1213-1214		
	1200形・1250形	**1215-1216**	京急デハ700形	長尾線
		1251-1252		
		1253-1254		
		1255-1256		
	1300形	**1301-1302**	京急デハ1000形	長尾線
		1303-1304		
		1305-1306		
		1307-1308		

京王電鉄

譲渡先	形式	番号	旧形式	備考
わたらせ渓谷鐵道	わ99形	5070-5020	京王5100系	トロッコ客車に改造
上毛電気鉄道	クハ720形・デハ710形	721-**711**	京王3000系	
		722-**712**		
		723-**713**		
		724-**714**		
		725-**715**		
		726-**716**		
		727-**717**		
		728-**718**		
銚子電気鉄道	2000系	**2001**-2501	京王2010系	伊予鉄道から再譲渡
		2002-2502		
	3000系	**3001**-3501	京王5000系	伊予鉄道から再譲渡
岳南電車	7000形	**7001**	京王3000系	
		7002		
		7003		
	8000形	8101-**8001**	京王3000系	
富士急行	1000系	**1301-1201**	京王5100系	マッターホルン色
		1302-1202		旧塗色
		1305-1205		富士登山電車
		1101-1001		京王色

小田急電鉄

譲渡先	形式	番号	旧形式	備考
富士急行	8000系	**8051**-8101-**8001**	小田急20000形	フジサン特急
長野電鉄	1000系	**1031-1021-1011-1001** **1032-1022-1012-1002**	小田急10000形	ゆけむり

東京地下鉄

譲渡先	形式	番号	旧形式	備考
銚子電気鉄道	1000形	**1002**	東京地下鉄2000形	
長野電鉄	3500系	**3513-3503** **3516-3506** **3517-3507** **3518-3508** **3532-3522**	東京地下鉄3000系	
	3600系	**3612-3602**-3652	東京地下鉄3000系	
熊本電気鉄道	01形	**135**-635 **136**-636	東京地下鉄01系	

東京都交通局

譲渡先	形式	番号	旧形式	備考
秩父鉄道	5000系	5201-**5101-5001** 5202-**5102-5002** 5203-**5103-5003**	都営6000系	
熊本電気鉄道	6000A形	**6101A-6108A** **6111A-6118A** **6211A-6218A** **6221ef-6228A** **6231A-6238A**	都営6000系	くまモンラッピング

西武鉄道

譲渡先	形式	番号	旧形式	備考
上信電鉄	150形	**151-152** **153-154** **155-156**	西武401系 西武801系 西武701系	2018.5.25ラストラン
	500形	**501-502** **503-504**	西武101系	
秩父鉄道	6000系	6201-**6101-6001** 6202-**6102-6002** 6203-**6103-6003**	西武101系	急行「秩父路号」
流鉄	5100形・ 5000形	**5101-5001** **5102-5002** **5103-5003** **5104-5004** **5105-5005**	西武101系	さくら 流星 あかぎ 若葉 なの花
伊豆箱根鉄道	1300系	**1301-1401**-2201 **1302-1402**-2202	西武101系	駿豆線
三岐鉄道	751系	**751-781**-1751	西武101系	三岐線
	101系	**101-102** **103-104** **105-106**	西武401系	三岐線
	801・851系	**801-802**-1802 **803-804**-1804 **805-806**-1852 **851-881**-1881	西武701系	三岐線
富山地方鉄道	16010形	**16012-16011** **16014**-112-**16013**	西武5000系	 アルプスエキスプレス
近江鉄道	100形	**101-1101** **102-1102** **103-1103** **104-1104**	西武101系	潮風（うみかぜ）号
	900形	**901-1901**	西武101系	淡海（おうみ）号
	700形	**701-1701**	西武401系	あかね号
	800形	**802-1802** **803-1803** **804-1804** **805-1805** **806-1806** **807-1807** **808-1808** **809-1809** **810-1810** **811-1811** **821-1821** **822-1822**	西武401系	 ギャラリートレイン 豊郷あかね 赤電復刻

近畿日本鉄道

譲渡先	形式	番号	旧形式	備考
大井川鐵道	モハ16000形 クハ16100形	**16002**-16102 **16003**-16103	近鉄16000系	本線
四日市 あすなろう鉄道	新260系	**261**-(181)-161 **262**-(182)-162 **263**-(183)-(165) **265**-122-163 **264**-(164)	近鉄モ260形・ ク160形	(　)は新製車
養老鉄道	600系	**601**-551-501 **602**-552-502 **604**-504 **606**-506	近鉄600系	 ラビットカー塗色
	610系	**611**-571-511 **612**-512 **613**-513 **614**-514	近鉄610系	
	620系	521-561-**621** 523-563-**623** 524-564-**624** 525-565-**625**	近鉄620系	
高松琴平電気鉄道	20形	**23**	近鉄モ5261形	レトロ車両

南海電気鉄道

譲渡先	形式	番号	旧形式	備考
大井川鐵道	モハ21000形	**21001-21002** **21003-21004**	南海21000系	高野線ズームカー
和歌山電鐵	2270系	**2271**-2701 **2272**-2702 **2273**-2703 **2274**-2704 **2275**-2705 **2276**-2706	南海22000系	いちご電車 梅星電車 たま電車 おもちゃ電車
熊本電気鉄道	200A形	**201A-202A**	南海22000系	

京阪電気鉄道

譲渡先	形式	番号	旧形式	備考
富山地方鉄道	10030形	**10031-10032** **10035-10036** **10037-10038** **10039-10040** **10041-10042** **10043-10044** **10045-10046** **10033**-31-**10034**	京阪3000系	足回りは東京地下鉄 (旧営団地下鉄)3000系 ダブルデッカーエキスプレス

愛知環状鉄道

譲渡先	形式	番号	旧形式	備考
えちぜん鉄道	6001形	**6001** **6002**	愛知環状鉄道 100形	
	6100形	**6101** **6102** **6103** **6104** **6105** **6106** **6107** **6108** **6109** **6110** **6111** **6112**	愛知環状鉄道 100形・300形	

名古屋市交通局

譲渡先	形式	番号	旧形式	備考
福井鉄道	600形	**602**	名古屋市交1000形	
高松琴平電気鉄道	600形	**603-604** **605-606** **601-602** **613-614** **621-622** **623-624** **625-626** **627-628** **629-630** **631-632**	名古屋市交 250形・300形ほか	琴平線 長尾線 志度線
	700形	**721-722** **723-724**	名古屋市交 300形・1200形	志度線
	800形	801 802 803 804	名古屋市交 250形・300形ほか	志度線

阪急電鉄

譲渡先	形式	番号	旧形式	備考
能勢電鉄	6000系	**6002-6502**-6552-6562-6572-6582-**6602-6102**	阪急6000系	日生エクスプレス（阪急6000系と共通運用）
	7200系	**7200-7230**-7280-7250	阪急7000系・6000系	
	5100系	**5108**-5658-5659-**5109** **5136**-5686-5673-**5137** **5138**-5688-5675-**5139** **5146**-5690-5677-**5147** **5148**-5692-5679-**5149** **5142-5141** **5124-5125**	阪急5100系	
	1700系	1752-**1732**-1782-**1702** 1753-**1733**-1783-**1703** 1754-**1734**-1784-**1704** 1755-**1735**-1785-**1705** 1756-**1736**-1786-**1706** 1757-**1737**-1787-**1707**	阪急2000系	
	3100系	3170-**3620**-3670-**3120**	阪急3100系	

※各鉄道会社の在籍車両は、2018年4月1日現在のものです。
※この表は、『私鉄車両編成表2018』（小社刊）の情報を基に作成しています。
※番号の数字の**太字**は電動車（モーターあり）、細字は付随車（モーターなし）です。
※JRおよび大手民鉄・公営交通などから地方民鉄に譲渡された電車を掲載しています。
機関車・客車・気動車および路面電車などは、この表からは除外しています。

おわりに

石川啄木は『一握の砂』のなかであまりにも有名な次の歌を詠んだ。

「ふるさとの訛なつかし停車場の人ごみの中にそを聴きにゆく」

明治後期の上野駅で展開されたこの光景は、現代ではもしかしたら地方旅客鉄道で展開されているのかもしれない。筆者の知人が会社の異動によってある都市に引っ越した際、当地の地方旅客鉄道を新たに利用することとなった。未知の土地でもちろん初めて利用した列車ではあったが、そこにかつて首都圏で使用されていたある大手民鉄からの電車がやって来て感動したという。その知人は首都圏在住のころ、通勤でこの大手民鉄の電車に乗っていたのだ。

本書では紙面の都合で電車以外の車両である機関車、内燃動車、客車、貨車を取り上げることができなかった。また、電車のなかでも路面電車を紹介していない。今後、機会があればこうした車両の譲渡、譲受にまつわる物語を本書と同様に関係者各位への取材によって明らかにできればと考える。

最後に、地方旅客鉄道で「第二の人生」を送る電車がその寿命を迎えるまで、事故に遭わず、人々に喜ばれる存在であってほしい。そして、地方旅客鉄道だけでなく、地域を盛り立てる中心になることを祈る。

２０１８年９月　梅原　淳

おもな参考文献

・『日本国有鉄道百年史　1巻』、日本国有鉄道、1972年
・運輸政策研究機構編、『日本国有鉄道民営化に至る15年』、成山堂書店、2000年7月
・貨物鉄道百三十年史編纂委員会、『貨物鉄道百三十年史』上・中・下巻、日本貨物鉄道、2007年6月
・『新幹線の30年』、東海旅客鉄道新幹線鉄道事業本部、1995年
・慶応義塾大学鉄道研究会、『私鉄電車のアルバム』1〜4巻、別冊、交友社、1976年7月〜1984年1月
・国土交通省鉄道局監修、『鉄道要覧』各年度版、電気車研究会・鉄道図書刊行会
・国土交通省鉄道局監修、『鉄道統計年報』各年度版、政府資料等普及調査会または電気車研究会・鉄道図書刊行会
・『JISハンドブック2017　69鉄道』、日本規格協会、2017年6月
・一畑グループ100周年事業実行委員会社史編纂委員会編、『一畑電気鉄道百年史』、一畑電気鉄道、2016年2月
・東京急行電鉄社史編纂事務局編、『東京急行電鉄50年史』、東京急行電鉄、1973年
・長野電鉄総務部編、『長野電鉄80年のあゆみ』、長野電鉄、2000年5月
・創立90周年記念誌編集委員編、『この40年のあゆみ　創立90周年記念』、富士急行、2017年4月
・小田急電鉄社史編集事務局編、『小田急75年史』、小田急電鉄、2003年3月
・『南海電気鉄道百年史』、南海電気鉄道、1985年3月
・ジェー・アール・アール編、『私鉄車両編成表』各年度版、交通新聞社
・『鉄道ファン』各号、交友社
・『交通技術』各号、交通協力会
・『RailMagazine』各号、ネコ・パブリッシング
・『RRR』各号、鉄道総合技術研究所
・『日立評論』各号、日立製作所
・『軽金属』各号、軽金属協会

梅原　淳（うめはら・じゅん）
1965（昭和40）年生まれ。三井銀行（現在の三井住友銀行）、月刊『鉄道ファン』編集部などを経て、2000年に鉄道ジャーナリストとして独立。『JRは生き残れるのか』（洋泉社）、『日本の鉄道の歴史　全3巻』（ゆまに書房）、『定時運行を支える技術』（秀和システム）をはじめ、多数の著書がある。講義・講演やテレビ・ラジオ・新聞等へのコメント活動も行う。

交通新聞社新書126
電車たちの「第二の人生」
活躍し続ける車両とその事情
（定価はカバーに表示してあります）

2018年10月15日　第1刷発行

著　者――梅原　淳
発行人――横山裕司
発行所――株式会社　交通新聞社
http://www.kotsu.co.jp/
〒101-0062　東京都千代田区神田駿河台2-3-11
NBF御茶ノ水ビル
電話　東京（03）6831-6550（編集部）
東京（03）6831-6622（販売部）

印刷・製本―大日本印刷株式会社

ISBN978-4-330-91818-1